进口民用核安全设备安全检验指南

生态环境部核与辐射安全中心

中国原子能出版社

图书在版编目（CIP）数据

进口民用核安全设备安全检验指南 / 生态环境部核与辐射安全中心编著. --北京：中国原子能出版社，2022.12

ISBN 978-7-5221-2613-5

Ⅰ. ①进… Ⅱ. ①生… Ⅲ. ①核电厂–机械设备–安全设备–检验–指南 Ⅳ. ①TM623.4-62

中国版本图书馆 CIP 数据核字（2022）第 249568 号

进口民用核安全设备安全检验指南

出版发行	中国原子能出版社（北京市海淀区阜成路 43 号 100048）
责任编辑	徐 明
封面设计	邢 锐
责任校对	冯莲凤
责任印制	赵 明
印 刷	北京九州迅驰传媒文化有限公司
经 销	全国新华书店
开 本	787 mm×1092 mm 1/32
印 张	7.25
字 数	177 千字
版 次	2022 年 12 月第 1 版 2022 年 12 月第 1 次印刷
书 号	ISBN 978-7-5221-2613-5 定 价 **88.00** 元

发行电话：**010-68452845**

编委会

前　言

2008年，《民用核安全设备监督管理条例》的发布实施，明确了对进口民用核安全设备的监管采取安全检验的方式开展，同年发布的《进口民用核安全设备监督管理规定》（HAF604）对进口民用核安全设备安全检验原则进行了规定，自此，安全检验工作开始发挥其监管进口核安全设备的重要作用。2018年，《中华人民共和国核安全法》的发布实施，进一步提高了安全检验作为进口民用核安全设备监管手段的法律效力，将进口核安全设备进行安全检验的监管模式上升到了法律要求的新高度。随着安全检验工作的不断推进，安全检验工作制度逐渐完善，先后发布多份管理文件对安全检验工作进行优化和规范。2020年12月，《进口民用核安全设备安全检验大纲》和配套的6份工作细则被纳入国家核安全局第三层级管理文件并发布实施，标志着安全检验工作迈入了新时代，完成了从法律到条例，再到部门规章、第三层级管理文件的全范围制度建设。

《进口民用核安全设备安全检验指南》是根据编写时最新的进口民用核安全设备安全检验工作相关制度要求，结合安全检验工作实践与经验编写而成，有助于指导安全检验工作相关人员开展工作。本书全面系统地对进口民用核安全设备安全检验工作要求进行了梳理，帮助安全检验相关工作人员系统、准确和全面地掌握相关政策和制度。本书在编写上，将安全检验工作划分为文件申报、开箱见证检查、补充验证、文件审查、安全检验评价、经验反馈、信息管理系统七个方面，对进口民用核安全设备安全检验工作各个流程的要求和原则逐个进行了详细介绍，并根据实践和经验提出了工作建议和注意事项，对采购单位和从业人员做好进口民用核安全设备安全检验工作具有很强的指导意义。

本书共分为九章。第一章介绍了进口民用核安全设备安全检验工作的整体情况。第二章至第八章分别介绍了安全检验工作中关于文件申报、开箱见证检查、补充验证、文件审查、安全检验评价、经验反馈、信息管理系统的具体要求和原则以及相关工作建议。第九章为2020年发布的《进口民用核安全设备安全检验大纲》和配套的6份工作细则英文版，目的是指导境外单位更好地遵守我国安全检验法律法规。

本书第一章由韩冬傲、毋琦编写；第二章由杨承刚、范国辉编写；第三章由黄家祺、浦承皓编写；第四章由杨志佳、王新宇编写；第五章由杨静远、金刚编写；第六章、第七章由樊柯彬、李茂林编写；第八章由刘雨薇、李禅编写；第九章由上述编者共同翻译。全书由韩冬傲统稿。

本书在编写和出版过程中，得到了生态环境部（国家核安全局）领导的关心支持。核与辐射安全中心进口核安全设备注册检验办公室专门成立专项工作组，精心组织编审。中国原子能出版社在图书出版工作中给予了大量支持。在此，一并表示诚挚的感谢！

本书仅用于为安全检验相关工作人员提供工作参考和指导，如存在本书内容或翻译与国家核安全局管理要求不一致的情况，以国家核安全局管理文件为准。由于时间和编者能力水平所限，本书难免有不当之处，欢迎各位批评指正，帮助我们持续改进和进步。

目 录

第一章
总　述

1.1　概　述

1.1.1　目的

本指南是关于进口民用核安全设备安全检验工作的工具书，用于指导申报人员与审查人员更加规范、高效地开展安全检验工作，对文件申报和审查、设备开箱见证检查、补充验证、境外注册登记单位评价、经验反馈等安全检验工作进行详细解读并提出工作建议，以确保安全检验工作有序开展，进一步提高安全检验的规范性和有效性。

1.1.2　背景介绍

进口民用核安全设备安全检验作为生态环境部行政审批事项之一，承担着保证进口民用核安全设备质量和可靠性以及核电厂运行安全的重要责任，同时在促进境外单位遵守我国法律法规并有效运行质保体系，督促营运单位加强对境外设备供应商的监督管理等方面发挥着重要作用。

自2008年开始开展进口民用核安全设备安全检验工作，安全检验制度不断随着工作实践进行补充和完善，截至2020年年底，国家核安全局建立起包括《核安全法》《民用核安全设备监督管理条例》《进口民用核安全设备监督管理规定》（HAF604）《进口民用核安全设备安全检验大纲》及配套管理细则的从法律、条例、部门规章和工作程序在内的四层次进口核安全设备安全检验工作法规体系。

1.1.3 名词解释

1.1.3.1 进口民用核安全设备：是指由境外注册登记单位设计、制造的，在我国境内民用核设施中使用的执行核安全功能的设备，包括核安全机械设备和核安全电气设备。民用核安全设备目录由国家核安全局制定并发布。

1.1.3.2 安全检验：是指在境外单位检验合格，以及民用核设施营运单位监造、装运前检验、监装和验收合格的前提下，对进口民用核安全设备安全性能进行的检查或者验证，包括口岸报检文件及开箱申报文件审查（文件审查）、设备开箱检查的监督检查（开箱见证检查）以及安装和装料前调试阶段涉及安全性能的试验的见证检查（安全性能见证检查）。

1.1.3.3 安全检验机构：是指具体承担进口民用核安全设备安全检验工作的检验机构，包括核与辐射安全中心和各地区监督站。

1.1.3.4 报检单位：是指按照核安全法律法规进行进口民用核安全设备安全检验申报的单位，包括民用核设施营运单位、受营运单位委托采购进口民用核安全设备的民用核安全设备成套供应商、民用核设施核岛建造总承包商以及民用核安全设备持证单位。

1.1.3.5 补充验证：是指在安全检验文件审查阶段发现可能存在设备质量风险隐患的问题时，报检单位对进口民用核安全设备部分安全性能进行的抽查检验或验证。

1.1.3.6 独立检验：是指在安全检验工作中，由核与辐射安全中心组织的针对进口民用核安全设备安全性能进行的抽查检验或验证。

1.1.3.7 进口民用核安全设备开箱检查：是指在进口民用核安全设备安全检验文件审查放行之后，在设备安装之前，报检单位对设备包装、型号、外观、数量、铭牌及性能进行的检查活动。

1.1.3.8 重大质量问题：是指不满足民用核安全设备标准或国家核安全局认可的其他标准，或违反设备设计或采购技术文件的要求，并影响到核安全设备安全性能的质量问题。

1.1.3.9 有条件放行：是指在国家核安全局针对进口民用核安全设备重要管理和技术问题提出后续监管要求的基础上，对进口民用核安全设备进行安全检验文件审查放行的一种方式。

1.1.3.10 质量接口关系：是指在进口民用核安全设备采购、设计、制造过程中，报检单位与境外注册登记单位之间就可能影响设备活动质量的信息所建立的联络和控制措施。

1.1.3.11 境外单位：是指经注册登记并按照注册登记活动种类（设计、制造）、设备类别和核安全级别为我国民用核设施提供进口核安全设备的境外单位。

1.1.4 组织与接口

1.1.4.1 国家核安全局

国家核安全局全面负责进口民用核安全设备安全检验工作的统一管理，建立和完善安全检验工作体系、要求和程序，并为进口民用核安全设备安全检验工作提供必要的资源和保障。

核设施安全监管司（简称“核一司”）归口管理进口民用核安全设备安全检验工作；负责建立进口民用核安全设备安全检验工作管理体系；负责批准进口民用核安全设备安全检验文件审查月度工作计划；负责出具《进口民用核安全设备口岸检查放行单》和《进口民用核安全设备开箱文件审查单》，发送报检单位并抄送核与辐射安全中心和相应地区监督站；负责进口民用核安全设备安全检验过程中发现的重大质量问题的通报、调查和处理。

核电安全监管司（简称“核二司”）、辐射源安全监管司（简称“核三司”）负责向核一司通报进口民用核安全设备安全检验工作中发现的重大质量问题并协助处理。

1.1.4.2 核与辐射安全中心

核与辐射安全中心负责接收进口民用核安全设备安全检验申报文件；负责编制进口民用核安全设备安全检验文件审查月度工作计划并报送核一司；负责进口民用核安全设备安全检验申报文件的技术审评，负责进口民用核安全设备补充验证的见证检查，出具《进口民用核安全设备安全检验文件审评报告》并报送至核一司；负责进口民用核安全设备的独立检验；负责核设施现场外进口民用核安全设备开箱检查的监督检查（开箱见证检查），出具《进口民用核安全设备开箱见证检查报告》并发送至报检单位；负责编制核设施《进口民用核安全设备安全检验总报告》；负责境外单位重新注册登记安全检验评价和经验反馈工作；负责核设施现场外进口民用核安全设备安全检验工作过程中发现问题的处理、重大质量问题的上报和协助处理。

1.1.4.3 各地区核与辐射安全监督站

各地区核与辐射安全监督站负责辖区核设施现场内进口民用核安全设备开箱检查的监督检查，出具《进口民用核安全设备开箱见证检查报告》并发送报检单位；负责进口民用核安全设备安全性能试验监督检查，出具核设施《进口民用核安全设备现场监督总结报告》并报送核一司，抄送核二司或核三司、核与辐射安全中心；负责辖区核设施现场内进口民用核安全设备安全检验工作过程中发现问题的处理、重大质量问题的上报和协助处理。

1.1.4.4 报检单位

作为民用核设施营运单位或核安全设备采购单位，报检单位应当对进口民用核安全设备使用和运行安全承担全面责任。报检单位负责编制本单位下月安全检验文件申报、开箱检查和补充验证计划；负责进口民用核安全设备安全检验申报文件的组织和自查工作；负责组织开展进口民用核安全设备开箱检查、补充验证；负责编制《进口民用核安全设备安全检验总报告》需要的资料。

1.1.5 安全检验结果的使用

1.1.5.1 开展安装、使用等后续工作：对于履行安全检验的进口核安全设备，报检单位可根据安全检验结论开展安装、使用等后续工作。

1.1.5.2 重新注册登记：境外单位注册登记确认书有效期届满前，核与辐射安全中心向核一司提交境外单位安全检验评价报告，作为重新注册登记受理的依据之一。

1.1.5.3 经验反馈：对于安全检验工作中发现的共性问题，核与辐射安全中心采用适当的方式进行经验反馈。

1.1.5.4 行政处罚：对于境外单位和报检单位违法违规行为，安全检验结果可作为执行相应行政处罚的依据。

1.1.5.5 核设施进口民用核安全设备安全检验情况总结：根据核一司任务要求，核与辐射安全中心提交核设施《进口民用核安全设备安全检验总报告》，作为发放运行许可证的依据之一。

1.2 工作内容和流程

1.2.1 工作内容

安全检验的主要工作内容包括口岸报检文件及开箱文件审查（文件审查）、设备开箱检查的监督检查（开箱见证检查）以及安装和装料前调试阶段涉及安全性能的试验的见证检查（安全性能见证检查）。在文件审查阶段，可根据文件审查情况、境外单位供货业绩情况和监管工作需要，采取补充验证或独立检验的方式对进口民用核安全设备的质量和性能进行检查或验证。

文件审查、补充验证、独立检验和开箱见证检查可采取抽查方式。文件审查、开箱见证检查和补充验证抽查比例按照核安全设备的重要性和代表性确定，主要原则如下：

（1）核安全 1 级机械设备，抽查比例为 100%（数量较多的设备可视情况而定，但不低于下款所规定的核安全 2、3 级机械设备的抽查比例）；

（2）对于核安全 2、3 级机械设备和核安全电气设备，同一境外单位制造的相同设备品种和核安全级别的进口民用核安全设备，至少抽查 1 件。

1.2.2　工作流程

进口民用核安全设备安全检验的具体工作流程包括制定安全检验工作计划（月度）、文件接收、文件审查、行政审批、开箱见证检查和安全性能见证检查等步骤，如需进行补充验证或独立验证，相关流程在文件审查阶段完成。

1.2.2.1　工作计划制定

核与辐射安全中心每月根据各报检单位报送的下月安全检验文件申报计划及有关材料，在每批次报检设备中选取拟进行安全检验文件审查的设备，编制安全检验文件审查月度工作计划报核一司批准后通知各报检单位。

核与辐射安全中心每月根据各报检单位报送的下月安全检验开箱见证计划及补充验证计划，选取拟进行开箱见证检查及补充验证见证检查的设备，编制安全检验见证检查计划后通知各报检单位。

1.2.2.2 文件申报

报检单位按照安全检验文件审查月度工作计划通过生态环境部政务服务平台提交安全检验申报文件，核与辐射安全中心接收安全检验申报文件后，组织对申报文件进行形式审查，重点审查申报文件的完整性和有效性，对于形式审查不合格的申报文件将退回报检单位修改。对于未能按照安全检验文件审查月度工作计划提交申报文件或按计划提交申报文件但当月未通过形式审查的情况，报检单位应在月底前向核与辐射安全中心提交关于未能按计划完成文件申报的情况说明。

1.2.2.3 文件接收

核与辐射安全中心通过“进口民用核安全设备安全检验管理系统”接收有关申报文件，共 14 类文件。

1.2.2.4 文件审查

形式审查合格后，核与辐射安全中心组织对申报文件进行技术审查，重点审查注册登记确认书范围和有关条件的符合情况、设备出厂检验试验的结论、设备不符合项的关闭情况以及报检单位对所报设备是否实施了有效的监造、装运前检验、监装和验收活动、质量接口关系建立和执行情况等。

对于审查过程中发现的重要问题，核与辐射安全中心应当以书面形式提出审评问题，要求报检单位在 20 个工作日内对审评问题予以书面回复，逾期未予回复也未书面说明理由申请延期的，核与辐射安全中心以书面形式退回申报文件。

对需要开展补充验证的设备，核与辐射安全中心应对报检单位提交的补充验证工作方案进行审查，并对补充验证过程进行见证检查，补充验证合格后，核与辐射安全中心结合文件审查工作出具文件审查意见。

对需要进行独立检验的设备，核与辐射安全中心应制定独立检验工作方案，并组织对设备进行独立检验，独立检验合格后，核与辐射安全中心结合文件审查工作出具文件审查意见。

原则上，核与辐射安全中心应当在20个工作日内（不包括问题回复时间、补充验证和独立检验时间）完成安全检验文件审查工作，根据审查情况分别提出“放行”“有条件放行”或“不予放行”的审查意见，每周汇总文件审查意见和主要问题，出具《进口民用核安全设备安全检验文件审评报告》报送至核一司。

1.2.2.5 行政审批

核一司对核与辐射安全中心报送的文件审查结论进行复核，满足放行条件的，出具《进口民用核安全设备口岸检查放行单》（见附件 2）和《进口民用核安全设备开箱文件审查单》（见附件 3）发送至报检单位；有条件放行的，应进一步提出后续监管要求；对不予放行的报检申请，以书面形式通知报检单位。

1.2.2.6 开箱见证检查

报检单位收到《进口民用核安全设备口岸检查放行单》和《进口民用核安全设备开箱文件审查单》后，根据自身工作进度需求编写下月开箱检查计划并于月底前报送相关安全检验机构。安全检验机构根据各报检单位的开箱检查计划，确定开箱见证检查的设备批次并通知报检单位。开箱见证检查采取抽查的方式，抽查发现问题时应加倍扩大抽查比例。

开箱见证检查过程中，安全检验人员重点检查报检单位的开箱检查流程、检查人员资质、检查工具和检查内容及要求与开箱检查有关规程的一致性。在开箱见证检查过程中，安全检验人员应当如实记录见证检查内容、检查结果及其发现的问题。对于发现的问题还应保留相关证据，如实体上的缺陷需进行拍照留存。对于检查过程中发现的重要问题，可以《重要情况通报》的形式及时上报。见证检查完成后出具《进口民用核安全设备开箱见证检查报告》（见附件 4）发送报检单位。

1.2.2.7 安全性能试验见证检查

在设备安装和装料前调试阶段，各地区监督站对进口民用核安全设备安全性能试验进行监督检查。监督检查可以采取记录确认和现场见证的方式。

各地区监督站在核设施首次装投料前进行的设备和系统安装及调试活动监督检查工作可替代进口民用核安全设备安全性能试验见证检查活动。地区监督站应当在进口民用核安全设备涉及安全性能的全部试验结束之日起 15 个工作日内，按机组出具《进口民用核安全设备现场监督总结报告》报送至核一司，抄送核二司或核三司、核与辐射安全中心。

1.2.2.8 总报告

核设施首次装投料前，核与辐射安全中心应在收到有关地区监督站、核设施营运单位、民用核设施核岛建造总承包商提交的编制安全检验总报告所需资料后 15 个工作日内出具核设施《进口民用核安全设备安全检验总报告》，汇总安全检验文件审查和核设施现场外开箱见证检查情况，结合地区监督站的现场监督检查结论等出具核设施进口民用核安全设备安全检验总体结论。

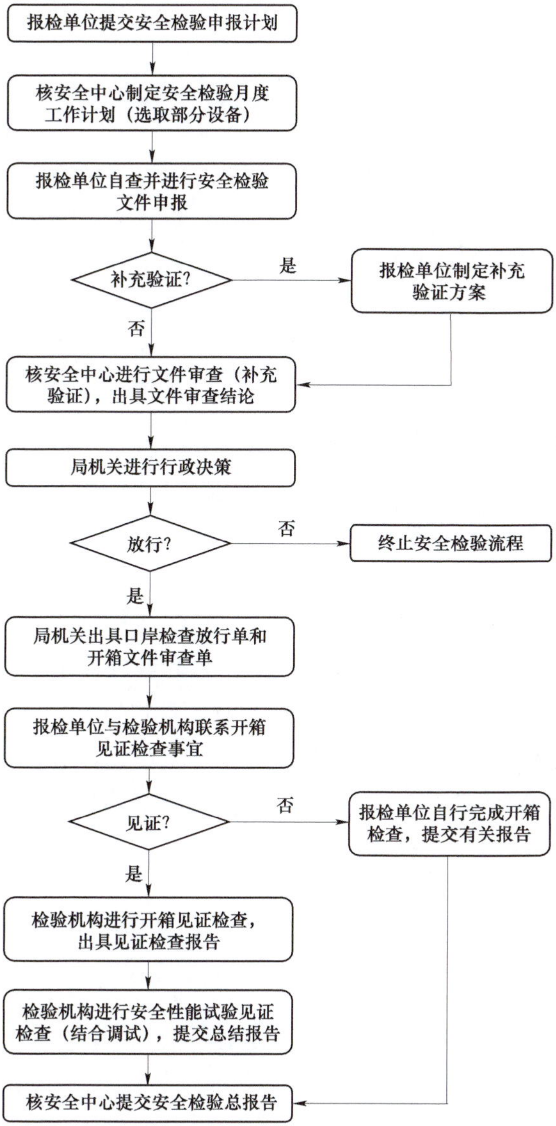

图 1-1 进口民用核安全设备安全检验工作流程图

1.3 重点关注问题

1.3.1 流程调整

2020 年新发布的《进口民用核安全设备安全检验大纲》及配套管理细则对安全检验流程进行了调整，将补充验证工作由原来的开箱见证检查后调整至文件审查阶段。

1.3.2 明确工作定位

补充验证不再是“有条件放行”的后续行动项，而是支撑文件审查放行合格结论的一种措施，补充验证方案的技术审查和见证检查由核与辐射安全中心负责。“有条件放行”的处理等同为特许申请，营运单位须向国家核安全局提出申请，由国家核安全局组织审查并提出监管要求，核与辐射安全中心根据审批结论出具安检文件审查结论和建议。

第二章
文件申报

2.1 概　述

2008 年，《民用核安全设备监督管理条例》（第 500 号）的发布实施，标志着进口民用核安全设备安全检验工作的开始。《进口民用核安全设备监督管理规定》（HAF604）规定了进口民用核安全设备安全检验申报工作的具体要求。其中，第三十三条要求“进口民用核安全设备到达口岸前，民用核设施营运单位应当向国务院核安全监管部门及其所属的检验机构报检，并提供下列材料：（一）进口民用核安全设备报检申请表；（二）注册登记确认书复印件；（三）装箱清单；（四）产品质量合格证书。营运单位提交的上述材料应当为中文或者英文”。第三十五条要求“民用核设施营运单位应当在进口民用核安全设备计划开箱检查 20 个工作日前，向国务院核安全监管部门及其所属的检验机构申报，并提交下列材料：（一）进口民用核安全设备装配总图、出厂检验试验报告等产品竣工文件；（二）营运单位监造、装运前检验和监装以及验收结果报告；（三）国务院核安全监管部门监督检查发现问题的处理和关闭情况报告；（四）进口民用核安全设备活动不符合项情况，以及较大和重大不符合项记录；（五）国务院核安全监管部门要求提交的其他材料。营运单位提交的上述材料应当为中文或者英文”。

2020 年 12 月，《进口民用核安全设备安全检验大纲》及 6 份配套工作细则经国家核安全局局长办公室审议通过并开始实施。其中，《进口民用核安全设备安全检验文件格式和内容》（NNSA/HQ-06-JD-IP-101）对申报文件的格式和内容进行了优化和调整，进一步规范了进口民用核安全设备安全检验申报工作，用以提高受理效率。

经过一年多的实施，通过梳理文件申报情况可以发现，尽管不少报检单位建立了相关管理程序，也派员多次参加过相关培训，但在实际文件申报中仍会出现不满足相关规定要求的问题，导致形式审查不通过。报检单位申报文件的有效性问题，这既增加了报检单位和安全检验机构重复申报与审查的工作量，又浪费了时间，也降低了申报文件的审查效率。

本章节着重介绍文件申报的要求，以便报检单位按照要求准备申报文件，达到提高申报与审评效率的目的。

2.2　申报文件

进口民用核安全设备安全检验申报文件主要包括安全检验计划文件和设备安全检验申报文件两类。

安全检验文件申报计划文件主要包括：

（1）安全检验文件申报计划汇总表；

（2）报检设备信息表；

（3）相应装箱清单等文件。

设备安全检验申报文件主要包括：

（1）进口民用核安全设备安全检验申报材料上报函；

（2）进口民用核安全设备报检申请表；

（3）进口民用核安全设备安全检验报检说明表；

（4）产品质量证明文件；

（5）设备装箱清单；

（6）对外贸易合同摘要及信息表；

（7）进口民用核安全设备完工文件自查报告；

（8）设备质量计划、装配总图、出厂检验试验报告等产品竣工文件；

（9）设备监造、装运前检验、监装及验收结果报告；

（10）不符合项情况以及较大和重大不符合项记录；

（11）设备技术规格书（技术条件）等文件；

（12）安全检验工作管理程序；

（13）核安全监管部门监督检查发现问题的处理和关闭情况报告；

（14）其他资料。

2.2.1 申报文件的内容要求

进口民用核安全设备安全检验申报文件的工作流程主要包括以下流程：

（1）申报计划。报检单位应在每月 25 日之前向核与辐射安全中心提交次月安全检验文件申报计划。

（2）受理计划。核与辐射安全中心受理报检单位提交的次月申报计划。

（3）抽查设备。核与辐射安全中心根据相关规定要求，抽取一定比例的设备，并编制周审查计划上报国家核安全局进行审批。

（4）批准计划。国家核安全局批准周申报计划，并告知报检单位。

（5）文件申报。报检单位应按照周申报计划进行进口民用核安全设备安全检验文件的申报。

（6）形式审查。核与辐射安全中心对申报文件进行形式审查，申报文件经形式审查满足相关要求后受理。

（7）文件审评。核与辐射安全中心对申报文件进行审评，并出具相应的审评意见。

（8）设备放行。国家核安全局对核与辐射安全中心出具的审评意见进行复核，满足放行条件的，出具申报文件的放行单。

2.2.2 申报文件的管理要求

（1）安全检验文件申报计划汇总表：以批次为单位列出计划报检的文件信息，应加盖报检单位公章，而不能采用采购部门或者其他部门公章，公章应合法有效；汇总表的月份应填写次月文件申报时的月份。申报文号应按照“申报单位简称（项目名称）-AJ-报检年份4位数字-文件序号”的格式进行编排，如简称为ABCD的报检单位红沿河项目2022年报检的第一批报检文件命名为“ABCD（HYH）–AJ–2022–001”，若为重新报检，申报文号格式应为“ABCD（HYH）–AJ–2022–001（重新报检）”。申请文号一经确定，后续工作中无法变更。

（2）报检设备信息表：设备主要参数信息可列出设备的规格、尺寸、使用环境、通过介质、技术等级等信息，方便后续设备抽查工作的开展。若本月提交 5 批文件报检计划，须提交 5 份报检设备信息表，文件名为《附件 1.1》～《附件 5.1》；同时提交 5 份装箱清单，文件名为《附件 1.2》～《附件 5.2》，以此类推。

（3）装箱清单：境外单位出具的装箱清单中报检设备、合同信息、目标机组等应有明显标识，且装箱清单上应具有设备制造厂有效的签字或盖章。

2.2.3　设备安全检验申报文件的内容要求

（1）上报函："项目名称"栏应包含报检设备对应的核电项目名称、目标机组以及报检设备品种和名称等信息，如田湾项目 7、8 号机组截止阀。报检材料应按照文件清单顺序填写文件名称，在备注中填写文件页数。报检单位（单位公章）是指报检单位的公章，不能用部门印章代替。

（2）报检申请表：应说明所有报检设备及分包设备的不符合项、设备鉴定情况；对新设计或重新进行设计验证的进口民用核安全设备，文件应当包含报检设备的鉴定大纲、报告和设计单位审查结论等；应对质量接口关系相关情况进行说明。

（3）报检申请表、报检说明表中的设备类别、品种应与境外单位注册登记确认书所描述的设备类别、设备品种一致，准确显示所有报检设备及分包设备信息；报检申请表应对报检设备采购技术文件的升版或变更情况予以说明。

（4）产品质量证明文件：应为设备制造厂所出具，覆盖所有报检设备及分包设备，明确设备所满足的技术规格书、图纸编号及版本号等，给出明确的质量结论。

（5）装箱清单：与 2.2.2 节（3）装箱清单的要求相同。

（6）对外贸易合同摘要应包含报检设备的合同首页、签字页复印件，对外贸易合同信息表中应明确各层级分包单位之间的合同关系、技术文件、分包内容和分包商注册登记情况等信息；另外，在合同的签署页，采购单位和境外供应商均应签字和盖章，如仅签字未盖章，则需要提交相关单位法人对签字人员的授权证明文件。

（7）完工文件自查报告：自查报告填写时，应按照根据自查项目、检查内容的要求做好审查记录；对于注册登记确认书中的有效时间、注册范围、分包项目等应认真检查，检查设备制造的时间、范围等是否满足规定要求；对较大和重大不符合项处理及关闭情况进行说明；自查结论应实事求是，报告审批合法有效。

（8）设备质量计划、装配总图、出厂检验试验报告：仅限于抽查设备的相关文件；其他安全检验文件应包含全部报检设备的相关文件。

（9）设备监造、装运前检验、监装及验收结果报告：编写该报告时，应着重对报检设备质量计划的执行情况以及无损检验活动的验证等设备监造情况、设备装运前检验情况、设备监装情况、验收情况等进行详细说明并给出对应结论，最后对设备整个监造与验收活动进行总体评价与结论。

（10）不符合项情况以及较大和重大不符合项记录：是指国家核安全局发布的《民用核安全设备制造阶段不符合项监督管理要求（试行）》（国核安发〔2016〕84号）所规定的较大和重大不符合项记录和报告，主要内容包括不符合项报告的有效性、不符合项处理流程、处理措施与关闭情况、完整的记录和报告等。

（11）设备技术规格书（技术条件）等文件：报检设备及分包设备的采购技术规格书、技术变更等，采购技术规格书应得到境外注册登记单位书面的确认。

（12）安全检验工作管理程序：主要规定与安全检验工作相关的组织、职责、工作内容、流程、要求和接口等。

（13）核安全监管部门监督检查发现问题的处理和关闭情况报告：在设备制造阶段监督检查发现的问题，以及同一厂家同种设备最近18个月内在各核设施安装、调试和运行阶段监督检查发现的问题的处理及关闭情况的报告。

（14）其他资料：一般包括设备的鉴定文件需要特别说明的文件，以及补充质量接口关系涉及的相关采购项目技术文件接口控制程序，技术规格书、质量计划、出厂验收程序、澄清文件或不符合项等书面审核确认函。若需进行补充验证，则需提交补充验证工作方案。

2.2.4　安全检验文件的管理要求

（1）对于不满足要求的申报文件，核与辐射安全中心将予以退回。报检单位在申报文件的自查时应认真仔细，对申报文件中的上报函、质量证明文件、装箱清单、质量计划、装配总图、试验报告、质量接口关系等相关文件的有效性、完整性进行自查，如公章、签章、合同签字人授权书、对技术文件的审核确认文件、补充验证工作方案等。

对于重新报检的设备，文件的申报文号应使用原申报文号，并标注“重新报检”字样。报检单位提交申报文件前，应将首次审评提出的问题予以解决，提交的申报文件中应包含退回的项目。

（2）报检单位的计划文件须通过进口民用核安全设备安全检验管理系统进行提交，申报文件须通过生态环境部政务大厅入口提交。核与辐射安全中心应通过进口民用核安全设备安全检验管理系统接收安全检验计划文件和申报文件。

（3）安全检验申报文件应为中文或英文。

（4）报检单位应按照《进口核安全设备补充验证细则》（NNSA/HQ-06-JD-103）中有关建立质量接口关系的要求进行自查。若满足各项要求，需提交相关文件；否则，需提交补充验证工作方案。

（5）如存在项目间设备调换的情况，申报文件应包含调换备案文件。

（6）安检工作管理程序仅需在首次申报或升版时提交。

（7）设备技术文件仅需在采购包首批次设备安检申报时提交，文件变更或升版后应及时提交相关技术文件。

2.3 安全检验总报告资料

HAF604 第三十八条规定“国务院核安全监管部门及其所属的检验机构应当在完成文件记录检查、开箱检查、安装和装料前调试阶段涉及安全性能的试验检查后，出具安全检验报告。对安全检验不合格的，民用核设施营运单位不得运行使用”。首次对机组安全检验总报告进行了明确。

机组《进口民用核安全设备安全检验总报告》将作为发放首次装料批准书的依据之一。相关单位在提交编制安全检验总报告所需的文件前应认真核查，确保文件的准确性。

2.3.1　文件清单

编制安全检验总报告需要的文件清单如下：

（1）进口民用核安全设备安全检验记录表；

（2）进口民用核安全设备开箱自查记录和报告；

（3）进口民用核安全设备开箱检查阶段不符合项、问题及异常事件统计表；

（4）进口民用核安全设备有条件放行情况统计表；

（5）进口民用核安全设备未履行安全检验情况统计表；

（6）机组进口民用核安全设备监造总结报告；

（7）机组进口民用核安全设备鉴定情况汇总表；

（8）进口民用核安全设备安装阶段不符合项、问题及异常事件统计表；

（9）进口民用核安全设备调换（报废或替换）情况统计表；

（10）进口民用核安全设备安全性能试验相关的调试试验项目清单；

（11）进口民用核安全设备调试过程中的不符合项、问题及异常事件统计表；

（12）机组装料前调试总结报告；

（13）进口民用核安全设备现场监督总结报告；

（14）需收集整理的其他资料。

其中，核设施营运单位（包括核岛建造总承单位）应提交（1）～（12）相关资料，地区监督站应提交（13）相关资料。

2.3.2 文件格式与内容

相关单位在提交总报告所需的文件时，应按照格式要求对下述内容进行说明：

（1）机组的位置、堆型、承建单位、营运单位、进口核安全设备等；

（2）进口民用核安全设备文件审查、开箱见证检查、安装和调试阶段安全性能见证检查阶段的过程、设备类别、数量、核安全级别和境外供货商等；

（3）设备安全检验各个阶段的检查项目、检查关注点、检查放行等；

（4）设备制造、安全检验、安装和调试等各个阶段发现的主要问题、不符合项、偏离、异常情况、相应的解决措施及不合格设备情况，后续需要跟踪的问题和监管建议；

（5）营运单位遵守核安全法律法规的情况、安全检验文件审查结论、设备开箱见证检查结论；结合监督检查结果出具安全性能试验见证检查结论；依据进口民用核安全设备不符合项的处理过程及结论出具不符合项的处理结论；结合地区监督站的现场监督检查结论等出具核设施进口民用核安全设备安全检验总体结论。

2.3.3 文件要求

（1）报送的文件内容应完整、真实、准确。

（2）进口核安全设备不符合项、问题或异常事件记录的内容应包括经返工、返修、替换、报废、照用或进行其他处理的有关问题及事件；所涉及的物项不仅包括整台设备，也包括设备的组成部件。

（3）设备的监造总结报告应当包括设备监造过程的总体情况、重要设备的监造情况、监造过程中发现的主要问题及处理情况等内容。

（4）文件资料应以机组为单位提交相关资料。其中，《进口民用核安全设备安全性能试验相关的调试试验项目清单》和《机组装料前调试总结报告》应于机组装料前调试工作完成后 5 个工作日内提交，其他资料应于机组冷试开始前提交。

2.4 工作建议

2.4.1 安全检验申报文件调整

为了优化安全检验工作，减轻报检单位准备申报文件的工作压力，更好地为报检单位服务，在国家核安全局 2020 年新发布的《进口民用核安全设备安全检验大纲》及配套管理细则中，将安全检验申报文件由原来的 18 份缩减为 14 份。安全检验申报文件具体变化如下：

（1）《进口民用核安全设备口岸报检申请表》和《进口民用核安全设备开箱报检申请表》合并为 1 份申报文件《进口民用核安全设备报检申请表》；

（2）质量计划、装配总图和出厂试验报告合并为一个附件。

建议报检单位在准备安全检验申报文件时注意要求的变化，按照新要求执行。

2.4.2 提出文件抽查需求

如果报检单位在准备文件申报材料时发现设备数量较多，设备装配总图和出厂试验报告文件太大上传困难的问题，可在确认符合抽查原则的前提下，在提交安全检验文件申报月度计划时同步提出抽查申请，安检联络员将视情况决定是否开展抽查。

第三章
开箱见证检查

3.1 概 述

3.1.1 目的

为加强进口民用核安全设备开箱见证检查工作，明确开箱见证检查工作范围和接口，规范开箱见证检查工作内容、流程和要求，促进开箱见证检查工作标准化、规范化和精细化。

3.1.2 适用范围

本章内容适用于核设施现场外进口民用核安全设备开箱检查的监督检查。

3.1.3 职责

核与辐射安全中心：负责核设施现场外进口民用核安全设备开箱检查的监督检查（开箱见证检查），出具《进口民用核安全设备开箱见证检查报告》；负责开箱见证检查过程中发现问题的核查和处理。

报检单位：负责组织实施核设施现场外进口民用核安全设备的开箱检查活动；负责开箱见证检查过程中发现问题的处理和报告。

3.2 工作流程及内容

开箱见证检查工作流程主要包括开箱检查计划的提交与接收，明确开箱见证检查安排和要求，实施开箱见证检查，问题上报、处理及反馈，记录和报告，见图 3-1。

3.2.1 开箱检查计划的提交和接收

报检单位每月 25 日前向核与辐射安全中心提交次月开箱检查计划，核与辐射安全中心接收开箱检查计划，依据《进口民用核安全设备口岸检查放行单》《进口民用核安全设备开箱文件审查单》等文件，核查安检文件审查结论，对于在文件审查阶段进行补充验证或独立检验的批次，还应重点核查设备试验结论。对于满足要求的设备批次，核与辐射安全中心依据设备信息表和装箱清单等信息，结合核安全级别和设备代表性确定见证检查设备批次并通知报检单位。

3.2.2 明确开箱见证检查安排和要求

报检单位提前 5 个工作日提交开箱申请及开箱检查工作方案，核与辐射安全中心核查工作方案中开箱检查场地、人员、工具、测量器具、试验台架和程序文件的准备情况以及开箱检查实施计划等内容，明确见证检查的日程、人员和工作安排等并通知报检单位。

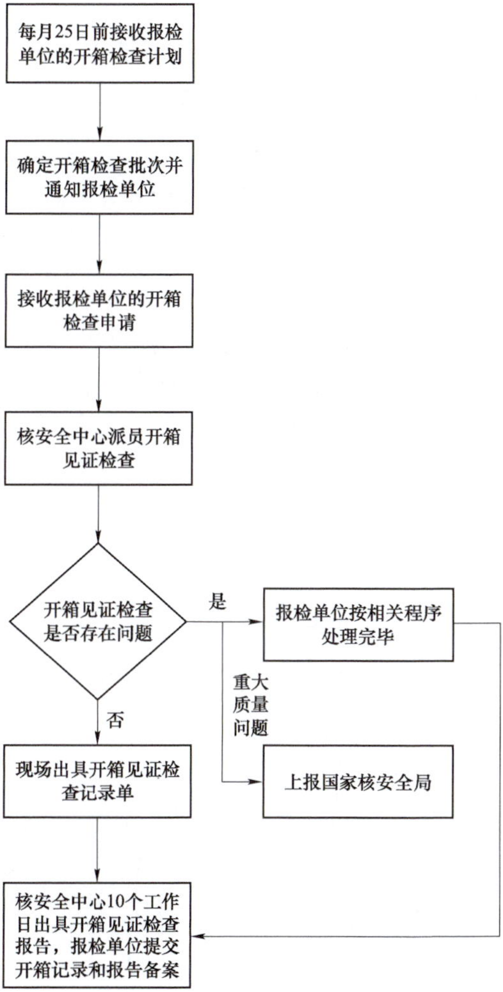

图 3-1 开箱见证检查工作流程

3.2.3 开箱见证检查的实施

（1）见证检查前的准备工作。

报检单位应按要求做好开箱检查前准备工作，包括开箱检查程序、人员资质、工具和器具、开箱场地等。

核与辐射安全中心应派 2 名安全检验人员在开箱检查前到达现场开展见证，安全检验人员可视情况组织召开检查前会议，核查报检单位开箱检查工作程序文件、开箱人员资质、器具和工装、开箱场地等准备情况是否满足要求；核查此前开箱见证检查过程中发现问题的整改及关闭情况；明确开箱见证检查的设备比例、检查内容和范围、所检设备参数和验收标准等。

（2）见证检查比例。

核安全 1 级机械设备，抽查比例为 100%（数量较多的设备可视情况而定，但不低于下款所规定的核安全 2、3 级机械设备的抽查比例）。

对于核安全 2、3 级机械设备和核安全电气设备，同一境外注册登记单位制造的相同设备品种和核安全级别的进口民用核安全设备，至少抽查 1 件。

（3）见证检查内容。

开箱见证检查过程中，见证检查人员应主要检查人员资质、设备储存场地、测量器具、设备包装、设备信息、设备外观和尺寸、设备随箱文件等方面内容。

3.2.4 问题的上报、处理及反馈

于开箱见证检查过程中发现的质量问题，安全检验人员应如实记录问题情况并提出核安全管理要求，监督报检单位按照相关管理程序和要求进行处理。对于应开启不符合项的问题，报检单位应按照《民用核安全设备制造阶段不符合项监督管理要求》进行不符合项的上报和处理，不符合项关闭后相关设备方可用于后续活动。对于重大质量问题，核与辐射安全中心应按照《〈重要情况通报〉编报处理程序》进行上报和协助处理。对于开箱见证检查过程中发现的典型质量问题，核与辐射安全中心定期进行经验反馈。

3.2.5 记录和报告

安全检验人员应当如实记录开箱见证检查内容、见证检查结果和发现的问题，开箱见证检查完成后现场出具《进口民用核安全设备开箱见证检查记录单》(见附件 2)。开箱见证检查记录单须经报检单位和核与辐射安全中心的有关工作负责人现场签字确认，各留存一份。

开箱见证检查完成后，报检单位应及时将开箱检查记录和开箱检查报告提交核与辐射安全中心备案，核与辐射安全中心应于收到开箱检查记录和开箱检查报告后的 10 个工作日内对所见证检查的设备出具《进口民用核安全设备开箱见证检查报告》(见附件 3)。经检查不合格的，核与辐射安全中心应当在《进口民用核安全设备开箱见证检查报告》中说明不合格的原因，报检单位不得进行安装调试活动。

3.3 常见问题

《民用核安全设备监督管理条例》规定，国务院核安全监管部门及其所属的检验机构应当依法对进口的民用核安全设备进行安全检验。安全检验包括口岸报检文件及开箱申报文件审查（文件审查）、设备开箱检查的监督检查（开箱见证检查）以及安装和装料前调试阶段涉及安全性能的试验的见证检查。开箱见证检查作为进口安全设备安全检验工作中的重要一环，在验证设备质量、保证设备安全中发挥着重要作用。在实际工作中，安全检验机构在开箱见证检查阶段发现的问题并不少，其中一些具有代表性的问题，例如设备数量与箱单不一致、设备外观有损伤、未按照程序开展开箱检查工作等，反映出设备制造单位、采购单位在设备制造、包装、运输、开箱检查等环节存在质量控制不到位的问题，应当引起相关单位的重视。

3.3.1 未按照程序要求进行检查

开箱见证检查中发现，大多数报检单位均编制了针对项目或是设备的开箱检查控制程序，对检查项目、检查方法、检测工具、数据记录、存储环境等要素有较为合理及明确的规定。但是在实际检查过程中，多次发现报检单位检查人员未按照程序规定开展开箱检查工作，例如检查项目不完整、检查方法与规定不一致、缺少专用工装或测量器具、设备存放环境不满足程序要求等情况，由此导致见证检查工作进展迟缓或停滞，影响安全检验工作效率。

3.3.2　设备实物、数量与装箱清单不一致

受进口设备现场质量控制工作难度较大等因素的影响，报检单位对装运前检验、监装等关键工序的检查力度较小，因此多采用到货验收的方式核对设备及数量。在实际见证检查工作中，由于境外厂家工作失误等原因，也曾出现过装箱设备与装箱单不一致或是数量不一致等情况，严重影响设备验收甚至工程项目建设进度。

3.3.3　设备损伤

在开箱见证检查过程中，大部分设备的包装完好、固定和衬垫满足要求、密封完好有效，保护措施到位，但是也曾发现别个境外厂家为控制成本，采用简易包装的方式发货，设备固定或密封工作不到位，导致在运输或吊装过程中设备发生移动、碰撞，致使设备外表面或零部件发生损伤，影响设备使用及安全性能。

3.4　工作建议

在开箱见证检查工作中，报检单位应编制针对设备的开箱检查控制程序，内容涵盖参与该工作的组织机构、工作流程及责任划分，同时要对检查内容、检查方法、测量器具、存放环境等要素做出明确规定。开箱检查数据记录，例如设备尺寸等，要与设

备图纸中规定的尺寸一致。见证检查人员应重点关注报检单位开箱检查人员是否按照程序的要求展开了设备开箱检查相关工作。同时，报检单位强调过程控制，加强对境外单位质保体系及相关重要工序的监督检查力度，完善设备包装、发运、运输等各环节的管理程序。

第四章 补充验证

4.1 概 述

4.1.1 背景

2018 年《中华人民共和国核安全法》正式实施，对进口民用核安全设备监督管理工作提出了更高要求。针对采购单位进口核安全设备的过程管控力度不足，设备质量问题时有发生。安全检验文件审查阶段发现可能存在设备质量风险隐患的问题时，为进一步验证设备质量，报检单位对进口民用核安全设备部分安全性能进行补充验证。补充验证结论合格的设备可在获得口岸检查放行单和开箱文件审查单后向核与辐射安全中心或地区监督站申请开箱检查。

4.1.2 工作职责

核与辐射安全中心负责审查设备在核设施安装之前的补充验证工作方案；负责核设施场外、场内设备补充验证工作的见证检查。设备在核设施安装之后进行的补充验证工作方案由核一司组织审查。

4.1.3 补充验证原则

出现下列情况之一时，应当对进口核安全设备实施补充验证工作：

（1）报检单位未与境外注册登记单位建立质量接口关系；

（2）报检单位未按要求对设备实施有效的监造、装运前检验、监装和验收等过程控制工作；

（3）境外单位注册登记确认书有效期届满后依然从事核安全设备活动，且境外单位已于注册登记确认书届满前 6 个月内向国家核安全局提交了注册登记申请；

（4）设备在制造、安装、调试和运行过程中出现重大质量问题或重复出现质量问题；

（5）国家核安全局及检验机构组织的监督检查过程中，发现与设备安全功能和性能相关的质量问题，且设备质量需进一步验证；

（6）设备运输、储存过程中发生可能影响设备质量的异常情况等。

报检单位与境外注册登记单位建立质量接口关系，应当至少同时满足以下要求：

（1）报检单位、境外注册登记单位均建立了采购项目技术文件接口控制程序，并按程序实施技术文件接口控制工作；

（2）设备技术规格书（合同质量技术条款）由境外注册登记单位书面确认；

（3）报检单位对进口核安全设备质量计划、出厂试验程序、与技术文件不符的偏差项、不符合项和技术澄清文件等进行了审核确认；

（4）境外注册登记单位在设备质量文件中明确标明了设备所满足的技术规格书或图纸编号及版本号等信息；

（5）对于通过设备代理商采购进口民用核安全设备的情况，报检单位与设备代理商和境外注册登记单位应当签订三方采购合同。

4.1.4 开展补充验证工作的机构

承担补充验证工作的机构和人员应当具有相应的能力，熟悉有关法规标准、设备技术要求和工作方案，熟悉有关仪器和装置的操作。验证工作所用试验装置或分析计算软件应当是成熟的或经过验证的。从事进口民用核安全设备补充验证工作的机构应当满足以下条件之一：

（1）实施补充验证工作的机构开展相应验证试验项目的能力已通过中国合格评定国家认可委员会（CNAS）认可；

（2）实施补充验证工作的机构是进口民用核安全设备的采购单位，建立了符合 HAF003 要求的质量保证体系，具备针对其所采购的进口民用核安全设备开展性能验证的能力且从事过相关验证工作；

（3）实施补充验证工作的机构是境外注册登记单位在我国合法设立的机构，已得到进口核安全设备原设计制造单位的书面授权，同意其开展相关设备的性能验证工作。

4.2 工作流程

补充验证工作流程包括技术评价、制定补充验证工作方案、审查补充验证工作方案、实施补充验证工作和见证检查、出具文件审查意见等步骤。

4.2.1 技术评价

报检单位应根据上述原则确定是否需要对进口民用核安全设备开展补充验证，结合设备状态确定补充验证的方式，补充验证可采取试验验证、分析计算、技术评价等方式。

4.2.2 制定补充验证工作方案

应根据设备技术规格书、规范标准或经采购单位确认的设备出厂测试程序等文件，结合设备的安全要求、功能和性能制定补充验证工作方案，内容包括验证工作总体安排、设备安全功能和性能描述、验证工作程序、验证机构资质文件、验收准则及有关异常的处理方式等内容。必要时，补充验证工作方案应经持有相应设备设计许可证或注册登记确认书的单位审查批准。

4.2.3 补充验证工作方案的审查

核与辐射安全中心结合安全检验文件审查对补充验证申请及

工作方案进行处理，重点审查验证工作程序的有效性和完整性、验证机构资质、验证项目条件和验收准则与设备技术规格书（标准规范或设备出厂测试程序）的一致性等。

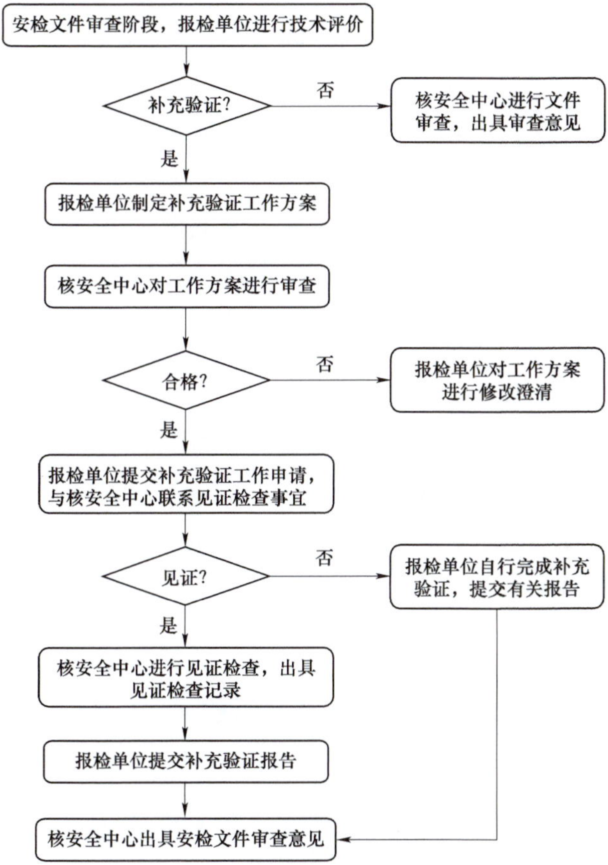

图 4-1 补充验证工作流程图

4.2.4 补充验证的实施和见证检查

核与辐射安全中心收到报检单位提交的补充验证工作申请后，确定进行见证检查的验证项目并通知报检单位。补充验证工作应严格按照已审查认可的方案开展。

核与辐射安全中心进行见证检查时，应当有 2 名以上（含 2 名）人员参加。对于补充验证工作持续时间较长的情况，可视情况分阶段采取选点见证的方式。检查人员应当对见证检查的内容、发现的问题以及处理情况作出记录。在补充验证工作过程中，发现问题时，应按照已确定的异常情况处理方案或有关不符合项处理程序进行处理。

4.2.5 出具文件审查意见

补充验证工作完成后，核与辐射安全中心收到报检单位提交的《进口民用核安全设备安全检验补充验证报告》后，出具安全检验文件审查意见。

4.3 补充验证工作注意事项

补充验证工作是验证可能存在设备质量风险的手段，但并不是所有的设备质量风险都可以通过补充验证来验证设备质量，只有补充验证原则中的六种情况可以通过补充验证来验证设备质量。

对于开展补充验证的进口民用核安全设备，设备抽查比例按照核安全设备的重要性和代表性确定，主要原则如下：

（1）核安全 1 级机械设备，抽查比例为 100%（数量较多的设备可视情况而定，但不低于下款所规定的核安全 2、3 级机械设备的抽查比例）；

（2）对于核安全 2、3 级机械设备和核安全电气设备，同一境外注册登记单位制造的相同设备品种和核安全级别的进口民用核安全设备，至少抽查一件。对于不同型号的进口民用核安全设备，抽取原则要求覆盖到每个型号，且抽取比例原则上不低于 10%。

（3）对于补充验证发现问题的批次，报检单位要及时开启不符合跟踪处理，维修后再次进行补充验证的，要加倍扩大抽检比例。

4.4 工作建议

报检单位制定补充验证工作方案时建议注意如下事项：

（1）补充验证的试验项目原则上不少于出厂试验报告的测试项目。对于国内复验机构无法开展的试验项目，需要安全检验机构、设计单位和报检单位审核确认后进行调整；

（2）补充验证的参考文件建议包括境外注册登记单位的出厂试验程序、核安全相关法规标准等；

（3）具体的试验项目建议包含试验标准、试验步骤、验收标准等；

（4）补充验证方案建议提供复验抽样清单，清单至少包含设备信息、规格型号、数量等；

（5）补充验证方案建议包含试验台架、测量器具的检定证书，以及试验人员的授权文件或相关资质证书。

报检单位再选取补充验证的机构时，建议注意如下事项：

（1）国合格评定国家认可委员会（CNAS）认可的第三方试验机构开展补充验证的，重点审查验证试验项目的能力是否覆盖补充验证方案的试验项目。

（2）进口民用核安全设备的采购单位，建立了符合 HAF003 要求的质量保证体系，仅能对其所采购的进口民用核安全设备开展性能验证且有从事过相关验证工作的经验。例如国内某阀门持证单位采购的进口核级电装供货给营运单位，该阀门持证单位可对阀门配套的进口核级电装进行补充验证，营运单位则不能对核级电装进行补充验证，虽然营运单位也是持证单位，也建立了符合 HAF003 要求的质量保证体系，但是进口核级电装不属于营运单位直接采购，故无法对其进行补充验证。

（3）境外注册登记单位在我国合法设立的机构开展补充验证的，首先需要得到进口民用核安全设备原设计制造单位的书面授权，其次相关试验项目以及试验人员也要得到境外注册登记单位的授权才能开展相关工作。

第五章
文件审查

5.1 概　述

本章通过对安全检验申报文件的通用性要素审查要点进行梳理总结，促进安全检验文件审查工作的规范化和标准化，提高文件审查质量和效率的同时，帮助报检单位更加高效、准确地准备申报文件。

5.2 文件审查内容

进口民用核安全设备安全检验文件审查包括形式审查与技术审查。形式审查阶段，审查人员主要审查报检文件的完整性和有效性。

技术审查阶段审查人员主要依据相应的标准、规范和设备技术规格书相关要求，在报检单位自查合格的基础上进行文件审查工作。

5.2.1 上报函

上报函的“项目名称”栏应至少包含报检设备对应的项目名称、目标机组以及所报检设备的品种或名称等信息；报检材料清单栏次应完整列出所有申报文件；上报函中自查情况应为“已自查，合格”；上报函应有有效签章。

5.2.2 报检申请表

严格按照设备类别、设备品种，准确描述所有报检设备及分包设备信息，如设备名称、安全级别、数量、制造国及厂商等，其中设备类别、品种信息应在《民用核安全设备目录（2016年修订）》范围内，安全级别应与设备技术规范描述一致；“报检说明”栏中应明确所报检设备和分包设备不符合项关闭情况和设备鉴定情况；对新设计的进口民用核安全设备，应提交报检设备的鉴定大纲、报告和设计单位审查结论等文件；如报检设备为运行电厂采购的备件，应在申请表中说明设备的设计变更情况。

5.2.3 报检说明表

严格按照设备类别、设备品种，准确描述所有报检设备及分包设备信息，如设备名称、安全级别、数量等，其中设备类别、设备品种信息应严格按照设备目录的要求填写；报检设备信息应与报检申请表中的报检设备信息一致。

5.2.4　注册登记确认书

设备的设计、制造活动应在证书有效期内完成；设备的类别、品种、安全级别、活动场所应符合注册登记活动范围和条件的要求；设备的分包和外购项目情况应满足注册登记条件的要求。

5.2.5　质量证明文件

文件应由设备的制造商出具，加盖公司有效印章或由公司质量负责人签字；文件必须覆盖所有报检设备，且明确报检设备的质量结论，原则上不得有未关闭的不符合项和偏离项；供应商信息应与注册登记确认书载明的信息一致；合同信息应与对外贸易合同信息一致；应明确标明设备所满足的技术规格书，对于设备分包商质量文件中标明的采购技术规格书与所提交的技术文件不一致的情况，报检单位应出示有关文件证明设备分包商所遵循的采购技术规格书符合报检单位所提交的技术文件要求；文件的升版过程应当符合文件变更的控制程序，文件升版必须由审、批原文件的同一单位进行审、批或者由其专门指定的其他单位审、批；对于在质量文件中手写补充有关技术文件的情况，变更部分应当由质量文件批准人员签字盖章批准。

5.2.6　装箱清单

文件应为设备供应商或者委托发运方出具，且具有有效签字或盖章；须分别包含并标识出所有报检设备和抽查设备；设备信息必须与注册登记确认书信息以及质量证明文件中的设备信息一致；合同信息应与对外贸易合同信息一致。

5.2.7 合同摘要

应包含报检设备的合同有效签字盖章页复印件，如签字页未盖章且非法人签字，则应提交合同签订人的授权书；对于分包合同可提交分包合同号；合同信息表中明确各层级分包单位之间的合同关系、技术协议、分包内容和分包商注册登记情况等信息。

5.2.8 完工文件自查报告

报告严格按照规定的格式和内容要求提交，明确报检设备和抽查设备信息以及各级分包设备信息；必须编审批签字，且加盖单位公章；所填内容必须与申报文件信息一致；审查人员重点确认报检单位已对以下内容进行了检查：供货商及分供方注册登记确认书的有效性，设备活动与注册登记范围和条件的一致性；设备质量合格证书与报检设备的对应性；设备材料、工艺、设计要求、性能参数等与技术规格书或有关设计文件的符合性；设计变更控制及设计验证情况；无损检验活动质量；焊接和无损检验人员资质情况；质量计划及制造过程质量控制情况；重要零部件采购和重要工序环节分包活动质量控制情况；制造过程检验和出厂试验完成情况；装配总图；不符合项处理及关闭情况；采购合同及分包管理与有关管理要求的符合性；设备监造、监装、装运前检验和验收完成情况及发现问题的处理情况；核安全监管部门监督检查发现问题的处理及关闭情况。

5.2.9 质量计划

文件应由设备制造厂出具，且具有有效签字或盖章；设备信息，包括设备型号、序列号、合同号、订单号、设备图纸等，应当覆盖报检设备；设置工序应覆盖设备技术规格书要求的制造、检验和试验全部工序；各个制造和检查工序必须有相应的依据文件、版本信息；质量计划中各个制造和检查工序应当形成相应的记录/报告；质量计划中是否设置了重要工序环节质量控制点并进行了现场见证和签字确认；根据设备的核安全级别和设备功能，以报检批次为单位，关于设备重要工序环节质量控制点执行情况的审查要点为：对于核安全 1 级机械设备，每台设备的所有重要工序环节质量控制点均已现场见证并释放，对于数量较多的核安全 1 级机械设备，按照设备品种，选点见证的设备数量不低于该设备品种设备总量的 30%；对于核安全 2、3 级机械设备及核安全级电气设备，现场见证的质量控制点应覆盖全部的设备品种，同时覆盖所选取的设备重要工序环节质量控制点。现场见证的质量控制点可分布于一台或多台设备质量计划中；签字人员和签点时间应满足有关要求。

5.2.10 技术文件与装配图

技术文件是经编审批的有效文件，且适用于所报检的设备；技术文件应明确设备的出厂检验和试验要求，如有必要，技术文件应包括出厂试验程序文件；设备的技术文件应经境外注册登记单位书面确认。

装配总图应由设计方出具，且具有有效签字或盖章；图号及版本信息与设备质量文件中的信息一致；图纸中所标明的设备安全级别、设计及技术要求、材料信息等应与技术规格书相关信息一致。

5.2.11 出厂试验报告

报告应由设备制造商出具，且具有有效签字或盖章；应覆盖所有抽查设备；检验试验项目、条件和结果应符合设备技术规格书、标准规范及出厂试验程序的相关要求；如设备技术规格书中未明确相关的出厂试验项目，则应当依据相关设备的出厂试验程序对报告进行审查，且该程序应当经采购方/设计方审核批准；报告中所注明的设备技术文件、试验程序应当与设备质量计划中“出厂试验”工序所依据的文件一致；试验结论应当为合格，试验过程中的不符合项及异常情况已处理关闭。

5.3 工作建议

安全检验人员在审评过程中除了关注上述文件审查要点以外，建议重点关注以下几点：

（1）文件有效性。重点核查申报文件是否为真实有效版本，在以往的文件审查过程中发现过在上报函使用非标准电子签章、提交的质量证明文件为草稿不是最终版本等问题。

（2）境外单位资质情况。境外单位是否持有注册登记确认书是安全检验的红线和基础，因此在审查过程中要重点核查境外单位资质情况，至少核查境外单位名称、国家、活动类型、有效期、注册登记范围，特别是注册登记范围中备注信息要重点核查。

（3）审评完整性。文件申报内容较多，为了避免审评中出现漏项，可以利用安全检验文件审查记录表辅助审查，记录表包含了所有通用的审查内容和审查准则，审查人员在完成记录表的同时也是对审评工作的自查。安全检验文件审查记录表见附件。

第六章 安全检验评价

6.1 概　述

6.1.1　目的和背景

根据《进口民用核安全设备监督管理规定》（HAF604）第十三条第二款规定，境外单位在注册登记确认书有效期届满后需要继续从事相关活动的，应当在有效期届满前 6 个月，重新提出注册登记申请。为了加强对境外单位的监督管理，进一步提高进口民用核安全设备监管工作的完整性和有效性，规范进口民用核安全设备的安全检验工作，督促境外单位提高其产品质量，核与辐射安全中心在境外单位有效期届满 6 个月前根据近一注册登记周期内提供的设备安全检验情况对其活动能力开展评价并出具审查意见。

6.1.2　适用范围

本章内容适用于为中华人民共和国境内民用核设施提供《民

用核安全设备目录》及其相关管理文件规定范围内的设备设计、制造活动的境外单位以及境外单位重新注册登记申请审查过程中从安全检验工作角度开展的评价活动。

6.1.3 职责分工

6.1.3.1 核一司

全面负责境外单位评价管理工作，并建立相关的工作管理体系，主要职责是：

（1）审查批准进口核安全设备注册检验办公室（以下简称“安检办”）制定的境外单位年度评价管理工作计划；

（2）协调民用核设施营运单位或者采购民用核安全设备的民用核安全设备成套供应商、民用核设施核岛建造总承包商以及民用核安全设备持证单位（以下简称“报检单位”）和各地区监督站以及安检办之间关于境外单位年度评价的相关工作，并提供必要的资源和保障；

（3）负责组织应用境外单位综合评价成果，视情况作为受理重新注册登记申请、颁发注册登记确认书等决策的依据；

（4）负责组织境外单位年度评价工作过程中发现的重大问题的调查和处理。

6.1.3.2 核与辐射安全中心

承担境外单位评价的具体工作，主要职责是：

（1）全面负责收集进口民用核安全设备设计、制造、装运、安装、调试、运行及安全检验各阶段产生的与进口核安全设备质量、技术和管理相关的信息；

（2）负责对上述信息进行筛选、统计和分析并编制境外单位年度评价记录单；

（3）负责制定境外单位年度评价管理工作计划并提交核一司；

（4）境外单位注册登记确认书有效期届满 6 个月前向核一司提交境外单位综合评价报告；

（5）负责境外单位年度评价工作过程中发现问题的处理、重大问题的上报和协助处理。

6.1.3.3　地区监督站

（1）负责向核一司提供辖区核设施现场内进口民用核安全设备开箱见证检查、安全性能试验监督检查以及核设施运行监督检查过程中发现的与进口核安全设备质量、技术和管理相关的信息，并抄送安检办；

（2）华北核与辐射安全监督站负责向核一司提交境外监督检查过程中发现的与进口核安全设备质量、技术和管理相关的信息，并抄送安检办。

6.1.3.4　报检单位

（1）每年初向安检办提供下一年度需要进行注册登记延续申请的境外单位名单、注册登记范围及有效期等相关注册登记信息；

（2）负责进口民用核安全设备设计、制造、装运、安装、调试、运行及安全检验各阶段产生的与进口核安全设备质量、技术和管理相关信息的收集、整理并报送至安检办；

（3）负责向境外单位传递我国核安全监管部门的法律法规及相关管理要求，并督促其熟悉、掌握和落实；

（4）提交对境外单位质保监查期间形成的质保监查报告，并督促境外单位提供所在国核安全监管部门对其监督检查所形成的监督检查报告；

（5）负责境外单位年度评价工作过程中发现问题的处理和澄清。

6.1.4　评价报告应用

核与辐射安全中心将安全检验评价意见以书面形式报送至核一司，评价意见可作为境外单位重新注册登记申请受理、重新注册登记技术审查、重新注册登记行政审批等决策的依据。

6.2　评价内容

6.2.1　遵守核安全法律法规的情况

境外单位是否认真履行我国核安全法规规定的责任和义务，遵守注册登记确认书中设定的许可条件，并对所从事的相应活动质量负责；是否按照注册登记确认书中载明的活动种类、范围和条件开展设备活动；在为我国境内民用核设施进行核安全设备相关活动时，境外单位是否接受和配合我国核安全监管部门的监督检查，并认真履行监督检查中提出的相关管理要求。

境外单位是否熟悉《民用核安全设备监督管理条例》《进口民用核安全设备监督管理规定》（HAF604）等核安全法规，并理解和掌握法规的相关内容，是否能够在注册登记及从事核安全设备活动过程中正确执行法规的相关规定。在我国核安全监管部门对其进行监督检查时，是否积极为检查活动提供必要的支持和配合，保证监督检查活动的顺利进行，针对监督检查中提出的相关管理要求，境外单位是否认真对待并积极开展整改和经验反馈活动。

6.2.2 产品业绩情况

境外单位为我国民用核设施提供的进口民用核安全设备的业绩是否能够覆盖其注册登记范围。如产品业绩不能覆盖注册登记范围，建议重新注册登记审查时重点关注境外单位是否仍具有注册登记有效期内未供货设备的活动能力。

6.2.3 质量保证体系的运行情况

境外单位是否建立健全完善的质量保证体系，具备相应的组织机构、人员和管理制度，并确保在从事核安全设备活动过程中有效运行；是否通过健全的管理制度和完善的质量保证体系对配备的资源进行合理的调配和管理，对过程进行必要的控制，充分发挥资源和制度的作用，保证核安全设备活动的质量。

是否制定合理、完整、可行的质量保证大纲，建立适合本单位实际情况的组织机构、明确规定其职责、权限及接口关系，并配备相应的人员，对质量保证体系有较强的执行力，有较强的质量控制和质量检验能力。

是否编制核安全设备相关活动执行和验证所需的文件（如质

量管理手册、程序、规程、检验和试验大纲等）并对文件的编制、审核、批准、分发和变更进行控制，使参与活动的人员能够熟悉、掌握并正确使用有效的文件。

是否制定相应的设计控制措施并形成文件，以保证把相应的设计要求（如监管要求、设计基准、规范和标准等）正确地体现在技术规范、图纸、程序或细则中，并能够对设计相关的变更和偏离进行有效控制。

是否对未完成核安全设备相关活动所需的物项和服务进行控制，以保证符合采购技术规范的要求，包括对物项和服务的提供方进行评价和选择以及对所购物项标识、装卸、贮存和运输的控制。

是否根据有关的规范、标准、技术规格书、准则的要求或其他特殊要求制定相应的措施，保证核安全设备相关工艺由合格的人员、按照认可的标准、程序和使用合格的设备来完成。

是否制定质量计划并有效实施，质量计划与相应的产品能够有效对应。

是否对其所采购的分包物项和服务进行有效控制。

是否制定并有效实施核安全设备质量活动的检查和试验大纲，必须对保证质量所必需的每一步工序和试验都进行检查和试验，并对检查和试验结果进行评价，形成可追溯的试验记录和报告。

是否制定不符合项控制程序，防止误用不符合要求的物项，对不符合要求或带有缺陷的物项严格按照控制程序进行处理、制定后续控制措施并形成相应记录或文件。

在从事核安全设备活动过程中，是否客观、完整、清晰地进行质量保证记录，对形成的质量保证记录要进行收集、贮存和保管，保证相关质量保证记录的有效性和可追溯性。

是否根据需要执行有计划、有文件规定的内外部监查制度，验证核安全设备相关活动是否符合质量保证手册的规定、质量保证体系的实施是否有效，并对监查发现的问题采取后续行动，以验证纠正措施是否合理可行。

是否存在弄虚作假、违章操作等行为。

6.2.4 产品质量情况

境外单位是否在注册登记确认书有效期内为我国境内核设施提供了注册登记范围内的产品且具有良好的产品质量史。

境外单位所使用的技术是否成熟或经过验证，产品的质量管理和过程控制是否能够证明质量是受控的，出现的重大质量问题是否已处理完毕，报检单位是否已按照相关标准和规范予以验收通过且已按照核安全法规要求履行了安全检验手续。

境外单位所提供的设备质量是否符合相关标准和规范要求，并经过验证；设备在设计、制造及安全检验过程中是否出现了重大或共性质量问题。

6.2.5 监督检查发现问题的处理和整改落实情况

评价境外单位对我国核安全监管部门在监督检查过程中所发现的问题的处理、落实和关闭情况；

在注册登记确认书有效期内，境外单位是否因所从事的民用核安全设备活动出现违反法规、标准规范要求的质量或管理等方面问题而受到核安全监管部门的处罚。

6.3 评价流程

进口核安全设备注册检验办公室根据核一司的工作任务单要求，开展评价工作，给出评价意见，编制评价报告并报送核一司。

安全检验评价流程见图 6-1。

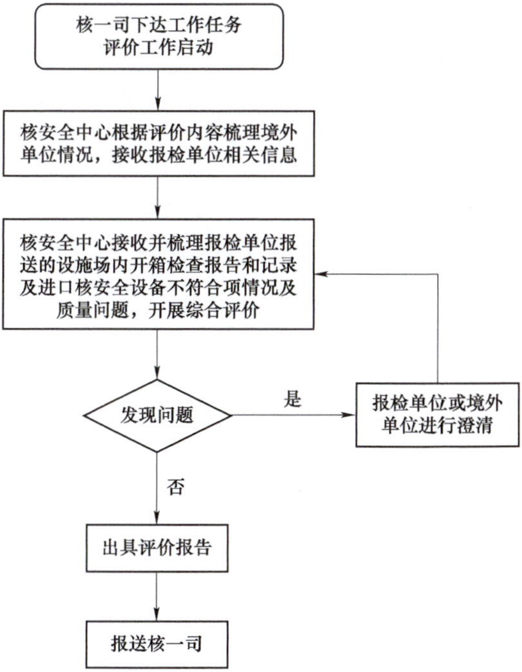

图 6-1 安全检验评价流程图

6.4 工作建议

在开展重新注册登记评价时，安全检验各阶段的信息收集方便，能够一定程度反映境外单位在遵守我国核安全法律法规、供货范围、质保体系、产品质量、问题处理和整改等方面是否满足相关要求，但对于产品在运行期间的质量情况并没有体现，建议在实际开展评价工作时，向相关运行电厂搜寻境外单位提供的设备运行情况，更加全面地反映设备从制造到运行的质量情况，使评价工作更加科学高效。

第七章
经验反馈

7.1 概　述

7.1.1 目的和背景

为及时有效地总结、获取进口民用核安全设备安全检验过程中设备质量信息，进行经验反馈信息共享，实现经验反馈工作的程序化、制度化，保障进口核安全设备质量安全，共同确保中国核电的安全、可靠、稳定运行，建立了进口民用核安全设备安全检验经验反馈体系。

7.1.2 职责分工

进口民用核安全设备安全检验经验反馈活动，由国家核安全局组织和管理。生态环境部核与辐射安全中心、报检单位、核电厂营运单位按职责分工开展相关工作。各单位职责如下：

（一）国家核安全局核设施安全监管司（核一司）

（1）组织制定、发布并进行修订进口民用核安全设备安全检验经验反馈管理办法以及相关的管理和技术文件；

（2）组织编制监管部门的进口民用核安全设备安全检验经验反馈工作规划和计划，审查进口民用核安全设备安全检验经验反馈报告等文件；

（3）策划、组织和协调进口民用核安全设备安全检验经验反馈各项活动，定期组织召开进口民用核安全设备安全检验经验反馈交流会议；

（4）组织收集、分析、发布必要的经验反馈信息，并发布监管要求；

（5）组织进口民用核安全设备安全检验经验反馈过程中发现的重大问题的调查和处理。

（二）生态环境部核与辐射安全中心安检办（中心安检办）

（1）负责收集和上报进口民用核安全设备安全检验经验反馈和其他经验反馈信息；

（2）编制进口民用核安全设备安全检验经验反馈工作规划、计划和经验反馈报告；

（3）负责调研、跟踪与总结经验反馈信息，编写进口民用核安全设备安全检验经验反馈相关管理和技术文件；

（4）开发、管理和维护进口民用核安全设备安全检验经验反馈数据库，根据国家核安全局授权，发布必要的经验反馈信息；

（5）定期对进口民用核安全设备安全检验经验反馈信息进行综合分析和评价；

（6）组织进口民用核安全设备安全检验经验反馈相关人员的

培训工作；

（7）为国家核安全局实施进口民用核安全设备安全检验经验反馈专项检查活动提供技术支持。

（三）报检单位

报检单位是指民用核设施营运单位及其委托的民用核安全设备成套供货商、民用核设施核岛建造总承包商或民用核安全设备持证单位。报检单位的主要职责是：

（1）负责进口民用核安全设备安全检验经验反馈问题的澄清和协助处理；

（2）有效实施进口核安全设备运行经验反馈管理要求；

（3）支持并参加国家核安全局组织的进口核安全设备运行经验反馈相关活动。

（四）境外单位

（1）负责进口民用核安全设备安全检验经验反馈信息相关资料的提交；

（2）有效实施进口核安全设备运行经验反馈管理要求；

（3）支持并参加国家核安全局组织的进口核安全设备运行经验反馈相关活动。

（五）核设施营运单位

（1）定期提交进口核安全设备运行经验反馈情况；

（2）依据国家核安全局相关要求，制定并有效实施进口核安全设备运行经验反馈管理要求；

（3）支持并参加国家核安全局组织的进口核安全设备运行经

验反馈相关活动。

7.1.3 信息分类

结合进口民用核安全设备安全检验工作中发现问题的重要程度、频次、后果等因素，将经验反馈信息分为一般、较大和重大三类。

一般经验反馈信息：进口民用核安全设备安全检验申报文件缺项、错误或其他文件质量问题；违反安全检验相关管理文件要求；进口民用核安全设备在安全检验、安装、调试及运行阶段出现不符合标准、程序及采购技术条件的问题（非共性问题）。

较大经验反馈信息：进口民用核安全设备采购、监造、验收、安检工作中，多次出现不满足相关程序文件，且未采取有效的纠正措施的情况；设备在安全检验阶段出现不符合标准、程序及采购技术条件的共性问题；设备制造单位未有效运行质量保证体系，不能证明设备质量受控的问题；对进口民用核安全设备设计、制造、安装质量提升具有参考和借鉴意义的信息。

重大经验反馈信息：违反核安全法律、行政法规和部门规章相关管理要求的问题；弄虚作假、违章操作等问题；设备存在共性质量问题，对核设施运行安全产生不利影响。

7.2 经验反馈工作流程

7.2.1 信息收集

核与辐射安全中心在开展进口民用核安全设备安全检验过程

中，收集相关经验反馈信息，接收相关单位报送的进口民用核安全设备相关质量问题，并进行筛选、分类、分析和整理。

7.2.2 成果编制

根据经验反馈信息的分类情况，安全检验人员应当：

（1）对于一般、较大、重大经验反馈信息，填写《进口民用核安全设备安全检验经验反馈信息表》（格式见附件 1），信息表内容包括项目机组信息、设备信息、制造厂商信息、主要问题、解决措施、相关建议等；

（2）对于较大和重大经验反馈信息，编制经验反馈报告，内容包括事件描述、处理过程及措施、原因分析、经验教训；

（3）针对典型重大经验反馈信息及时编制《进口民用核安全设备经验反馈专报》，专报可根据相关问题处理情况分阶段总结，专报内容除上述内容外还包括相应问题的监管建议。

7.2.3 成果报送

核与辐射安全中心定期将形成的《进口民用核安全设备安全检验经验反馈信息表》及《进口民用核安全设备安全检验经验反馈报告》报送核一司。

《进口民用核安全设备经验反馈专报》编制完成后立即报送核一司。

第八章
信息管理系统

8.1 概　述

8.1.1 开发背景

21 世纪初，随着我国核电建设的高速发展，在建核电厂和运行核电厂进口的核安全级设备呈现短期集中到货的情况。按照《民用核安全设备监督管理条例》和 HAF604 的规定均必须接受国家核安全局的安全检验，合格后方可安装和使用。因此，作为技术审评和支持单位，生态环境部核与辐射安全中心（以下简称“中心”）的形式审查和技术审评工作量显著增加，审评和见证工作十分繁重；由于信息化程度低，申报方式没有统一，报检遗漏现象时有发生；安检审评、审核和审批形式实行纸质文件审批，文件流转较慢，影响了整体的审评工作效率；安全检验工作缺少一个互联互通的网络平台，安检信息无法实现及时、充分的上传和下达，制约了核安全设备监管效率和监管力度，不利于我国进口民用核安全设备安检工作的深入开展。

受国家核安全局委托，中心为了推动民用核设备活动的监管能力建设，启动开发了“核安全监管技术支持系统项目-配套数据库开发”项目，《进口民用核安全设备安全检验管理系统》即为其中的一个组成部分。中心安检办作为该系统的主要用户，对安检系统的开发工作高度重视，为此成立了专项开发组负责此项工作，积极开展安检系统的顶层设计，提出安检工作相关功能和需求，会同中心信息所和软件开发单位推动和完成了系统的开发。

8.1.2 系统的设计和开发

2012 年以来，在国家核安全局的领导和支持下，核与辐射安全中心安检办积极开展安全检验体系的建设，发布实施了一系列管理程序和文件。这些程序文件对安全检验工作的顺利实施起到了积极的推动作用，同时也为安全检验信息化建设指明了发展方向。国家核安全局依据“行政审批事项既不下放、又不委托”的原则，于 2016 年发布《关于启用“国家核安全局进口民用核安全设备安全检验专用章”并进一步规范和优化安全检验工作流程的通知》(国核安函〔2016〕14 号)，规定正式启用安全检验专用章，并对安全检验的工作职责、工作流程、工作接口等方面进行了调整和优化，进一步划清了事权和规范了程序。其中，安检流程优化的重点在口岸放行及开箱文件审批方面进行了调整，最大的变化就是将口岸和开箱文件申报工作合并进行，且安检工作口岸及文件审查由核与辐射安全中心出具技术审查意见，局机关审批后加盖“安检专用章”，印送给申请单位。

根据安检工作职责分工，安检系统主要服务于报检单位、行政审批单位（国家核安全局）、进口民用核安全设备技术审评和监督检查单位（生态环境部核与辐射安全中心和国家核安全局各地区监督站），安检系统主要功能包括安检申报功能、技术审评功能、监督检查功能、行政审批功能、信息处理功能等（见图 8-1）。

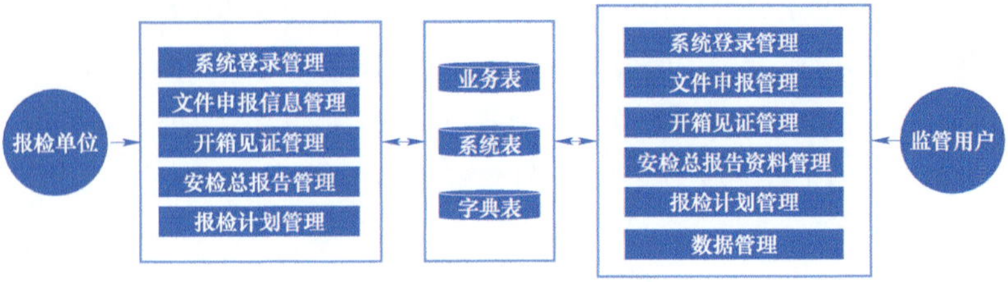

图 8-1　安检系统结构图

系统总的开发原则是服务于各相关单位、实现电子化办公、实时数据传输和处理、提高安检工作效率和质量；总的开发目标是呈现给相关工作人员一个界面清晰、环境友好、速度一流的网络系统，为安全检验工作和核行业大数据信息化管理服务。

8.1.3　主要功能

安全检验系统在我国首次实现进口民用核安全设备安全检验申报和审批工作的电子化流程，实现高效的信息交流和共享机制，增强了进口核安全设备监管的效率，全面提升了进口核安全设备的监管水平，有利于落实依法从严监管和质量安全的目标，也为我国民用核安全设备的信息化、大数据监管模式奠定了基础。

（1）网上申报功能：报检单位提交安检工作计划、安检申报文件、开箱见证申请、检验试验申请、报送安检总报告资料以及报检信息的查询、统计等。

（2）技术审评功能：核与辐射安全中心进行安检申报文件的

接收、形式审查和技术审查，编制相关审评技术报告工作；开箱见证工作和检验试验的接收、任务分派、问题处理、报告编制；安检总报告资料搜集和汇总。

（3）行政审批功能：国家核安全局根据审评技术意见做出相应的行政审批决定，出具口岸检查放行单、开箱文件审查意见单等文件，并将相应的行政决策文件下发给各个相关单位；各地区监督站接收口岸检查放行单、开箱文件审查意见单、上传开箱见证报告、调试阶段见证检查报告等功能。

（4）信息处理功能：通过安检系统，各相关单位可以方便地进行信息处理和统计，如进口设备的供货厂家、设备品种、规格数量、存在的质量问题以及行政决策的时效等信息。

（5）数据管理功能：通过安检系统建立信息公告栏、安检知识库、安检数据统计表、注册登记确认书信息统计表；在建和运行电厂的进口民用核安全检验信息的查询、统计、导出等功能；进口民用核安全检验文件的管理、备份等功能；建立不同堆型的进口民用核安全设备的基础信息数据库。

8.2 操作和使用

安检系统围绕安全检验工作的主要业务流程展开，主要的操作见图 8-2。

（1）报检计划：报检单位填写、提交、暂存、修改报检计划，上传安检计划附件；查询计划批准情况。

（2）文件申报：报检单位填写、提交、暂存、修改文件申报信息，上传申报附件；接收技术审评问题、提交技术审评澄清材料；查询和下载《进口民用核安全设备口岸检查放行单》《进口民用核安全设备开箱文件审查单》等放行文件。

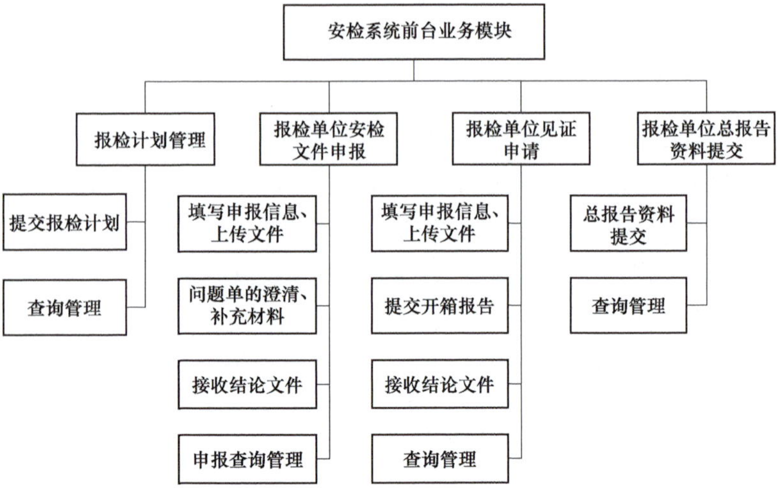

图 8-2　安检系统模块

（3）补充验证：报检单位填写、提交、暂存、修改补充验证见证申报信息，上传申报附件；接收《进口核安全设备补充验证见证大纲》《进口核安全设备补充验证见证记录单》；上传验证记录和报告；见证申报查询等功能。

（4）开箱见证：报检单位填写、提交、暂存、修改开箱见证申报信息，上传申报附件；接收《进口核安全设备开箱见证大纲》《进口核安全设备开箱见证记录单》；上传开箱自检自查记录和开箱自检自查报告；查看下载《进口民用核安全设备开箱见证检查报告》等结论文件，见证申报查询等功能。

（5）安检总报告资料提交：报检单位填写、提交、暂存、修改安检总报告资料；查询资料提交情况。

（6）数据管理：报检单位查询和导出安检文件申报记录。

（7）通知公告：报检单位查看安检相关的通知和公告；下载导入模板文件。

8.2.1　系统登录

用户使用 360 浏览器（选择“极速模式”）输入安检系统网址（http://123.124.220.227:8080/NSCAJB/），填写用户名、密码和验证码，即可成功登录系统（见图 8-3）。

图 8-3　登录界面

首次登录系统前，报检单位可以联系系统管理员，完成用户注册获得本单位的登录账号和初始密码。

报检单位首次登录系统后，点击系统显示的用户名，可以查看和修改当前用户的基本信息，包括用户名、登录名、角色信息等（见图 8-4）。

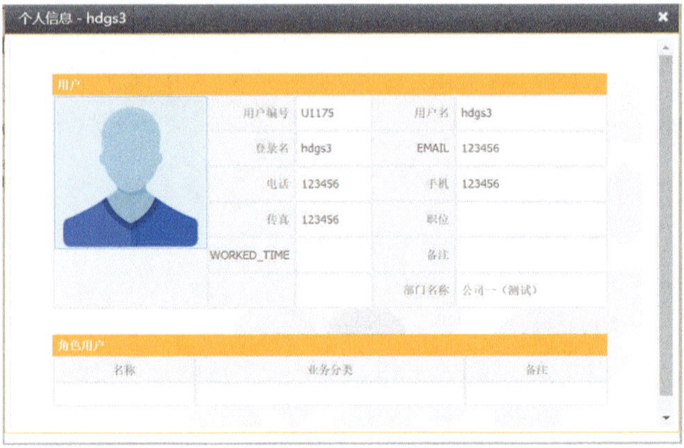

图 8-4　用户信息

用户首次登录系统后应点击“修改密码”对初始密码进行修改。用户完成报检工作后，可点击“重登录”退出当前登录用户（见图 8-5）。

图 8-5　修改密码、重登陆

8.2.2　计划申报

按照申报管理的相关要求，报检单位通过安检系统提交次月安全检验文件申报计划（包括文件、开箱和检验试验计划），并上传《安全检验文件申报计划汇总表》《报检设备信息表》和相应装箱清单等附件。对于填报不符合要求的，报检单位应根据安检办联络员的修改意见进行修改。安检计划符合要求的，报检单位可以在系统中查询计划的批准情况。

（1）填报和修改报检计划。

报检单位点击“报检计划”，打开“报检计划申请单”，点击“启动报检计划”进行报检计划的申请（见图 8-6）。

图 8-6　启动安全检验计划申报

报检单位选择“申报月份”、填写文件申报、开箱和检验试验计划，并点击“增加”上传文件申报计划的附件，点击“提出报检计划”即可。如暂未填好相关表单，可以点击“暂存”保存已填写的报检计划内容（见图 8-7）。

图 8-7 填报申报计划

填写文件申报、开箱和检验试验计划时，也可以点击“导入”，点击“增加”选择已填写好的申报计划文件，点击“导入”，并出现“导入成功”的提示，即可完成批量导入内容。

由于导入操作简单，可以提前进行文本编辑且不受填报过程网络因素影响，因此对于申报较多的批次的计划，推荐采用导入方式进行填报。导入模板可以在“通知公告”的“模板文件列表”进行下载。

报检单位应在每月 25 日之前在安检系统中填报次月安全检验文件申报、开箱和检验试验计划，填报内容应与提交的申报计划附件的内容保持完全一致。

报检单位应根据“待办任务”中关于申报计划的审查意见对申报计划进行修改，并再次提交。

（2）查询报检计划。

在报检计划列表中可以查看文件报检计划列表、开箱见证计划列表及检验试验计划列表。可以根据“申报时间”查询安检计划申报情况，根据“计划状态”查看安检计划的批准情况。

8.2.3　文件申报

用户使用 360 浏览器（选择“极速模式”）登录生态环境部政务服务大厅（http://zwfw.mee.gov.cn/）（以下简称“政务大厅”）进行注册。注册成功后，填写政务大厅注册用户名、密码及验证码，即可成功登录文件申报界面（见图 8-8）。

图 8-8　生态环境部政务服务大厅登录界面

登录政务大厅后，点击“核与辐射类”，选择“13011 进口民用核安全设备安全检验合格审批”事项，点击“事项申报”进行办理（见图 8-9）。

用户可以在安检系统中填报报检申请表、报检说明表、对外贸易合同摘要、开箱报检申请表、开箱自查报告附表等页面相关内容，点击“上传附件”上传文件申报的附件，点击“提交申请”即可。如暂未填好相关表单，可以点击“暂存申请”保存已填写内容（见图 8-10）。

图 8-9 进口民用核安全设备安全检验合格审批事项

图 8-10 填写申报信息

用户可以按照申报要求对十四份申报材料进行文件命名，在口岸报检申请表的页面提交安全检验文件上报函等六份口岸申报材料（见图 8-11），在开箱报检申请表的页面提交文件自查报告等八份开箱申报材料（见图 8-12）。

图 8-11　上传口岸申报材料

图 8-12 上传开箱申报材料

用户可以通过安检系统查看申报文件形式审查意见（见图 8-13）。

图 8-13　接收申报文件形式审查意见

用户可以根据政务大厅中的“在办件事项列表”中关于申报文件的形式审查意见对申报文件进行修改，并重新提交（见图 8-14）。

图 8-14　重新提交申报文件

用户可以通过安检系统接收申报文件的审评问题（见图 8-15），并点击“增加”上传对审评问题的回复文件，点击“提交”即可。如暂未完成，可以点击“暂存”保存已填写内容（见图 8-16）。

图 8-15　接收审评问题

图 8-16　回复审评问题

用户可以通过安检系统查收申报文件的审批结论文件，点击“结论文件”，进入结论文件接收界面（见图 8-17），即可下载《进口核安全设备口岸检查放行单》和《进口核安全设备开箱文件审查单》。

图 8-17　下载放行文件

8.2.4　补充验证申报

根据安检工作调整和实际需要，补充验证的申报与开箱的申报工作均采用开箱见证模块进行办理。

用户点击开箱见证模块，打开“开箱见证申请单”，点击“启动开箱见证”进行补充验证活动的申请（见图 8-18）。

图 8-18　启动补充验证见证申请

用户可以在安检系统中填报见证报检申请表，选择“补充验证”申请类型，选择已经批准的补充验证计划的编号，并点击“开箱活动申请附件”上传相关设备的补充验证检查工作方案附件，点击“提交申请”即可（见图 8-19）。如暂未填好相关表单，可以点击“暂存申请”进行暂存。

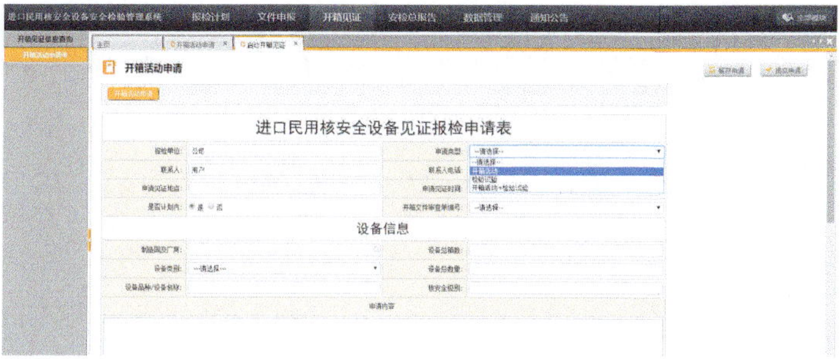

图 8-19　填写补充验证活动申请表

用户可以根据“待办任务”中关于补充验证申报的审查意见对申请进行修改，并再次提交。

用户可以在安检系统中接收补充验证发文回复和见证检查大纲，并点击“确认接收”（见图 8-20）。

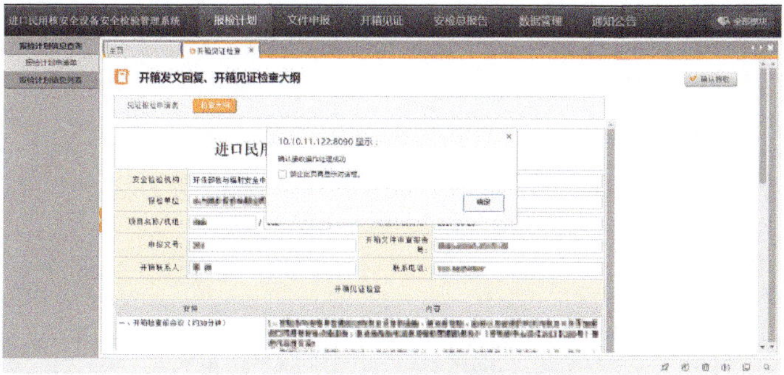

图 8-20　接收补充验证见证检查大纲

用户在安检系统中的“开箱检查记录和开箱检查报告”界面分别填写编号信息，点击“上传自检自查记录”和“上传自检自查报告”分别上传补充验证记录和报告的相关附件，点击“提交申请”即可（见图 8-21）。如暂未填好相关表单，可以点击“暂存”保存已填写的内容（见图 8-22）。

图 8-21　上传补充验证自检自查记录

图 8-22　上传补充验证自检自查报告

用户可以根据“待办任务”中关于补充验证申报的审查意见对记录和报告进行修改，并再次提交。

8.2.5　开箱申请

用户点击“开箱见证”，打开“开箱见证申请单”，点击“启动开箱见证”进行开箱活动的申请（见图 8-23）。

图 8-23　启动开箱见证申请

用户可以在安检系统中填报见证报检申请表，选择“开箱活动”申请类型，选择已经批准的开箱计划的开箱文件审查单编号，并点击“开箱活动申请附件”上传相关设备的开箱检查工作方案附件，点击“提交申请”即可（见图 8-24）。如暂未填好相关表单，可以点击“暂存申请”进行暂存。

用户可以根据“待办任务”中关于开箱申报的审查意见对开箱申请进行修改，并再次提交。

用户可以在安检系统中接收开箱发文回复和开箱见证检查大纲，并点击“确认接收”（见图 8-25）。

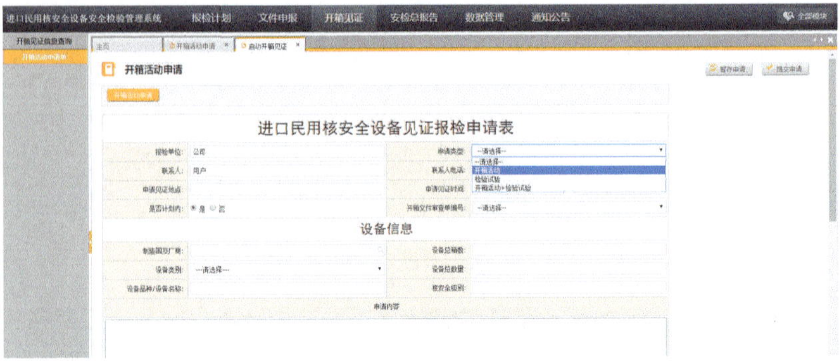

图 8-24　填写开箱活动报检申请表

图 8-25　接收开箱见证检查大纲

用户在安检系统中的“开箱检查记录和开箱检查报告”界面分别填写编号信息，点击“上传自检自查记录”和“上传自检自查报告”分别上传相关附件，点击“提交申请”即可（见图 8-26、图 8-27）。如暂未填好相关表单，可以点击“暂存”保存已填写的内容。

图 8-26　上传开箱自检自查记录

图 8-27　上传开箱自检自查报告

用户可以在安检系统中接收开箱见证检查报告，点击相关附件进行下载，并点击“确认接收”完成开箱见证检查报告的接收工作（见图 8-28）。

图 8-28　接收开箱见证检查报告

8.2.6　机组安全检验总报告资料报送

用户点击“安检总报告”，打开安检总报告列表，点击“启动安检总报告”进行安检总报告资料报送工作（见图 8-29）。

图 8-29　启动安检总报告资料报送

用户填写安检总报告资料相关信息，点击“增加”上传附件，点击“提交”按钮进行提交即可。如暂未完成，可以点击“暂存”保存已填写的内容（见图 8-30）。

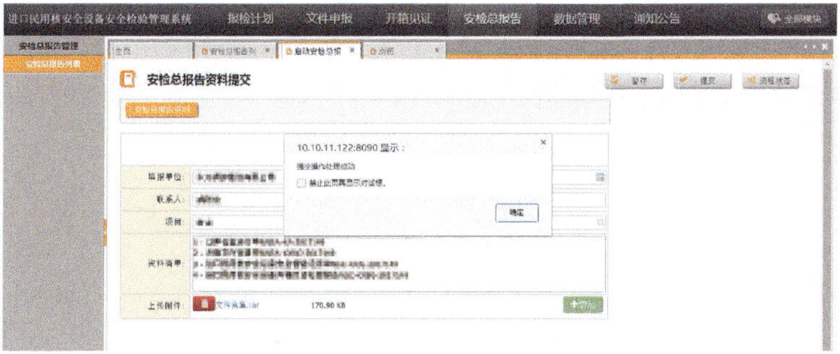

图 8-30　提交安检总报告资料

8.2.7　数据管理

用户点击“数据管理”，打开“安全检验数据统计”，可以查询提交的文件申报情况，并通过“导出 Excel”进行数据导出（见图 8-31）。

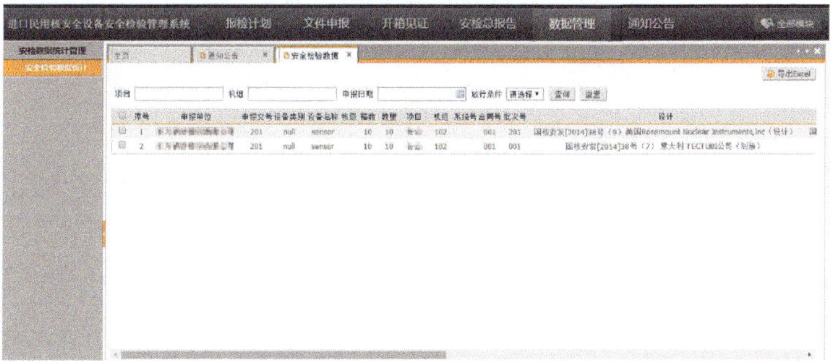

图 8-31　数据管理

8.2.8　通知公告

用户点击“通知公告”查看公告信息，在“模板文件列表”

下载文件申报的导入模板文件（见图 8-32）。

图 8-32　查看通知公告

8.3　工作建议

安检系统在推动电子政务服务建设、提高进口核安全设备的监管水平方面发挥了积极作用，但由于开发时间较短，技术力量尚有不足，总体设计结构和思路也不尽完美，后续还需在系统的响应速度、高负荷下系统稳定运行的能力、界面的友好程度等方面对系统进行持续开发和改进，以更好地为我国进口核安全设备安全检验管理工作服务。

如果使用安检系统时出现异常问题，请联系系统管理员和软件工程师，及时反馈相关问题。

第九章
《进口民用核安全设备安全检验大纲》及配套工作细则英文版

9.1 Outline for Imported Civil Nuclear Safety Equipment Safety Inspection

1 Purpose

This outline is formulated to clarify the division of work responsibilities and work interfaces for the imported civil nuclear safety equipment safety inspection, standardize the methods, contents, procedures and requirements of safety inspection, and improve effectiveness.

2 Scope of Application

This outline applies to the implementation of imported civil nuclear safety equipment safety inspection by the Ministry of Ecology and Environment (National Nuclear Safety Administration), regional office of nuclear and radiation safety inspection (hereinafter referred to as regional office), and Nuclear and Radiation Safety Center (hereinafter referred to as Nuclear Safety Center).

3 Terms and Definitions

(1) Imported civil nuclear safety equipment: the equipment used on the civil nuclear facilities within the territory of the People's Republic of China, which perform nuclear safety functions and designed and manufactured by registered foreign units, including nuclear safety mechanical equipment and nuclear safety electrical equipment. The catalog of civil nuclear safety equipment is formulated and issued by National Nuclear Safety Administration.

(2) Safety Inspection: the inspections or verification of the safety functions of imported civil nuclear safety equipment under the premise of qualified inspections by registered foreign units, and supervisions of manufacture, pre-shipment inspections, supervisions of loading and inspections for acceptance conducted by the operating units of civil nuclear facilities. Safety inspection includes examination of port inspection documents and unpacking inspection application documents (document examination), equipment unpacking inspections (unpacking witness inspections), and witness inspections of safety performance tests (safety performance witness inspections) during the commissioning stage before installation and loading.

(3) Safety Inspection Agency: the inspection agencies specifically

responsible for the safety inspection of imported civil nuclear safety equipment, including Nuclear Safety Center and regional office regional office.

(4) Applicant unit: Units that apply for safety inspections and declaration of imported civil nuclear safety equipment in accordance with nuclear safety laws and regulations, including operating units of civil nuclear facilities, whole-set equipment suppliers entrusted by the operators to purchase imported civil nuclear safety equipment, and general contractors of civil nuclear facility nuclear island construction and civil nuclear safety equipment certificate holders.

(5) Supplemental Verification: random inspection or verification of the safety functions of imported civil nuclear safety equipment by applicant units when discovered problem potential equipment quality risks during the safety inspection document examination.

(6) Independent Inspection: the random inspections or verification of the safety functions of imported civil nuclear safety equipment organized by Nuclear Safety Center in the safety inspections.

(7) Imported Civil Nuclear Safety Equipment Unpacking Inspection: inspection activities performed by the applicant units on the packaging, model, appearance, quantity, nameplate and performance of imported civil nuclear safety equipment after the documents examination released and before the equipment is installed.

(8) Significant Quality Problems: quality problems that do not

meet the civil nuclear safety equipment standards or other standards recognized by National Nuclear Safety Administration, or violate the requirements of equipment design or procurement technical documents, and affect the safety functions of nuclear safety equipment.

(9) Conditional Release: a way to examination and release the safety inspection documents of imported civil nuclear safety equipment on the basis of the follow-up supervision requirements proposed by National Nuclear Safety Administration for important management and technical problems of imported civil nuclear safety equipment.

(10) Quality Interface Relations: the liaison and control measures established between the applicant unit and the registered foreign unit regarding the information that may affect the quality of equipment activities in the process of purchasing, designing, and manufacturing of imported civil nuclear safety equipment.

4 Safety Inspection Basis

(1) *Nuclear Safety Law of the People's Republic of China;*

(2) *Regulation on Supervision and Administration of Civil Nuclear Safety Equipment (State Council Decree No. 500);*

(3) *Code on Supervision and Control of Imported Civil Nuclear Safety Equipment (HAF604);*

(4) Conditions and scope of the design, manufacture, installation and non-destructive examination of civil nuclear safety equipment on

the registration confirmation letter of foreign unit;

(5) National standards and industry standards for civil nuclear safety equipment or standards recognized by National Nuclear Safety Administration at the time of foreign unit' registration application;

(6) Foreign trade contracts;

(7) Relevant equipment specifications;

(8) Other management requirements of National Nuclear Safety Administration, etc.

5 Organization, Responsibilities and Interfaces

5.1 Organization and Responsibilities

Relevant units of National Nuclear Safety Administration involved in the safety inspection and responsibilities of their divisions are as follows:

(1) National Nuclear Safety Administration is fully responsible for the unified management of the safety inspection of imported civil nuclear safety equipment, establishing and improving the safety inspection system, requirements and procedures, and providing necessary resources and guarantees for the safety inspection of imported civil nuclear safety equipment.

Department of Nuclear Facility Safety Regulation (hereinafter referred to as Nuclear Department I) performs the centralized management of the safety inspection of imported civil nuclear safety equipment. It is responsible for establishing the safety inspection management system for imported civil nuclear safety equipment, approving the monthly work plan for the examination of imported civil nuclear safety equipment safety inspection documents, issuing *Imported Civil Nuclear Safety Equipment Port Inspection Release Permit* and *Imported Civil Nuclear Safety Equipment Unpacking Inspection Document Examination Form* and organizing the investigation and treatment of major quality problems discovered during the safety inspection of imported civil nuclear safety equipment.

Department of Nuclear Power Safety Regulation (referred to as Nuclear Department II) and Department of Radiation Source Safety Regulation (referred to as Nuclear Department III) assist in handling major quality problems discovered during the safety inspection of imported civilian nuclear safety equipment.

(2) Nuclear and Radiation Safety Center.

Nuclear and Radiation Safety Center is responsible for receiving imported civil nuclear safety equipment safety inspection application documents, preparing the monthly work plan for the safety inspection document examination of imported civil nuclear safety equipment, performing the technical examination of imported civil nuclear safety equipment safety inspection application documents and the witness inspections for imported civil nuclear safety equipment supplementary verification and issuing *Imported Civil Nuclear Safety Equipment Safety Inspection Document Examination Report*. It is also responsible for the independent inspection of imported civil nuclear safety equipment, the supervision of imported civil nuclear safety equipment unpacking inspections outside the nuclear facility sites (unpacking witness inspection) and the issuance of *Imported Civil Nuclear Safety Equipment Unpacking Inspection Witness Report*. The center is responsible for preparing *Final Report on Safety Inspection of Imported Civil Nuclear Safety Equipment* for nuclear facilities; responsible for safety inspection evaluation and experience feedback of foreign unit re-registration. The center is also responsible for handling problems found during imported civil nuclear safety equipment safety inspection out of nuclear facility sites, reporting and assisting in handling major quality problems.

(3) Regional Offices of Nuclear and Radiation Safety Oversight Stations Inspection.

The regional offices of nuclear and radiation safety oversight stations inspection in each region are responsible for the supervision and inspection of the unpacking inspection of imported civil nuclear safety equipment in the nuclear facilities of their jurisdictions, and the issuance of *Imported Civil Nuclear Safety Equipment Unpacking Inspection Witness Report;* responsible for the supervision of safety performance test of imported civil nuclear safety equipment and the issuance of *Final Report on Imported Civil Nuclear Safety Equipment On-site Supervision* for nuclear facilities; responsible for handling problems found in the process of safety inspection of imported civil nuclear safety equipment at the sites of nuclear facilities under their jurisdiction, reporting major quality problems and assisting in handling them.

(4) Technical Support Units.

Other technical support units provide necessary technical support for the safety inspection of imported civil nuclear safety equipment as needed.

5.2 Work Interfaces

(1) National Nuclear Safety Administration.

After internal examination and approval, Nuclear Department I sends *Imported Civil Nuclear Safety Equipment Port Inspection Release Permit* and *Imported Civil Nuclear Safety Equipment Unpacking Document Examination Form* to the applicant unit, and sends a copy to Nuclear Safety Center and corresponding regional office.

Nuclear Department I shall promptly report to Nuclear Department II or Nuclear Department III major quality problems found in the safety inspection of imported civil nuclear safety equipment, and if necessary, participate in the problem reviewing and handling together with Nuclear Department II and Nuclear Department III.

Nuclear Department II&III shall promptly notify Nuclear Department I about major quality problems of imported civil nuclear safety equipment discovered during the installation, commissioning and operation of nuclear facilities, and participate in the examination and handling of the problems together with Nuclear Department I when necessary.

(2) Nuclear Safety Center.

Nuclear Safety Center prepares *Document Examination Plan for Imported Civil Nuclear Safety Equipment Safety Inspection* on a monthly basis and submits it to Nuclear Department I; prepares *Imported Civil Nuclear Safety Equipment Safety Inspection Document Examination Report* on a weekly basis and submits it to Nuclear Department I; submits *Final Report on Safety Inspection of Imported Civil Nuclear Safety Equipment* for the nuclear facility before the first fuel loading.

Nuclear Safety Center sends the completed *Imported Civil Nuclear Safety Equipment Unpacking Inspection Witness Report* to the applicant unit in a timely manner; sends the *Imported Civil Nuclear Safety Equipment Safety Inspection Document Examination Plan* approved by Nuclear Department I to the applicant unit in a timely manner.

Nuclear Safety Center will report the safety inspection status to Nuclear Department I in the form of monthly reports and important information reports, and send a copy to Nuclear Department II or Nuclear Department III.

(3) Regional office.

Regional office sends the completed *Imported Civil Nuclear Safety Equipment Unpacking Inspection Witness Report* to the applicant unit in a timely manner.

After completing the witness inspections on the safety performance test of the civil nuclear safety equipment imported by the nuclear facility, regional office submits *Final Report on Imported Civil Nuclear Safety Equipment On-site Supervision* to Nuclear Department I, and copy it to Nuclear Department II or Nuclear Department III and Nuclear Security Center.

Regional office will report the safety inspection work to Nuclear Department I in the form of monthly reports, annual reports and important information reports, and copy to Nuclear Department II or Nuclear Department III and Nuclear Safety Center.

6 Work Content of Safety Inspection

The work content of the safety inspection mainly includes examination of port inspection application documents and unpacking inspection documents (document examination), supervision of equipment unpacking inspections (unpacking inspection witness), and inspection witness of safety performance tests during the installation stage and the commissioning stage before loading (safety performance witness inspections).

During the document examination, the quality and performance of imported civil nuclear safety equipment can be inspected or verified by supplementary verification or independent inspection according to the document examination situation, the supply performance of registered foreign units and the needs of supervisory work.

6.1 Supplementary Verification

When one of the following situations occurs, supplementary verification for imported nuclear safety equipment shall be conducted:

(1) The applicant unit has not established quality interface with registered foreign unit;

(2) The applicant unit failed to implement effective supervised manufacture, inspection before shipping, supervised installation and acceptance and other in-process control on the equipment as required;

(3) The registered foreign unit is still engaged in nuclear safety equipment activities after the expiration of its registration confirmation, and the foreign unit has submitted a registration application to National Nuclear Safety Administration within 6 months before the expiration of the registration confirmation;

(4) There are significant quality problems or reappeared quality problems during the manufacturing, installation, commissioning and operation of the equipment;

(5) During the supervision and inspection organized by National Nuclear Safety Administration and the inspection agencies, quality problems related to the safety function and performance of the equipment are discovered, and the quality of the equipment needs to be further verified;

(6) Abnormal conditions that may affect the quality of the equipment occur during the transportation and storage of the equipment.

6.2 Independent Inspection

Nuclear Safety Center may conduct independent inspections of imported civil nuclear safety equipment based on the supply performance and quality experience feedback of registered foreign units.

6.3 Working Method

Spot checking can be conducted for document examination, supplementary verification, independent inspection, and unpacking witness inspection. The proportion of random inspections for document examination and unpacking witness inspection is determined in accordance with the importance and representativeness of the nuclear safety equipment. The main principles are as follows:

(1) For nuclear safety-related Class 1 mechanical equipment, the random inspection ratio is 100% (the ratio may be determined as appropriate for the equipment with a larger quantity, but not less than that of the nuclear safety-related Class 2 and 3 mechanical equipment given in the following paragraph);

(2) For nuclear safety related Class 2 and 3 mechanical equipment and nuclear safety-related electrical equipment, at least one piece of imported civil nuclear safety equipment of the same equipment type and nuclear safety class manufactured by the same registered foreign unit shall be randomly inspected.

7 Safety Inspection Workflow

The specific workflow of the safety inspection of imported civil nuclear safety equipment includes the steps of formulating a safety inspection document examination work plan (monthly), document reception, document examination, administrative approval, unpacking inspection witness and safety performance inspection witness. The workflow chart is detailed in Annex 1.

7.1 Document Examination Work Plan

Nuclear Safety Center selects the equipment for document examination from each batch of applicant equipment according to the next month's safety inspection declaration plan and related materials submitted by applicant unit on a monthly basis, and prepares the monthly safety inspection document examination work plan. The inspection unit will be notified after approved.

7.2 Document Reception

Nuclear Safety Center receives relevant application documents through Imported Civil Nuclear Safety Equipment Safety Inspection Management System.

Safety inspection application documents include:

(1) Safety inspection application letter;

(2) Safety inspection application form;

(3) Safety inspection application instructions;

(4) Product quality certification documents;

(5) Equipment packing list;

(6) Foreign trade contract abstract and information table;

(7) Document self-inspection report;

(8) Product as-built documents such as equipment quality plan, equipment assembly drawing and ex-factory inspection and test report, etc.;

(9) Reports of supervised manufacture, inspection before

shipping, supervised installation and acceptance;

(10) Equipment non-conformance reports;

(11) Equipment specifications;

(12) Safety inspection working procedures and documents;

(13) Report on the treatment and closure of problems discovered during the supervision and inspections of nuclear safety regulators;

(14) Other materials required to be submitted.

7.3 Document Examination

After receiving the safety inspection application documents, Nuclear Safety Center organizes the formal examination on the application documents, focusing on integrity and validity. After passing the formal examination, Nuclear Safety Center organizes a technical examination of the application documents, focusing on examination the scope of the registration confirmation letter and the compliance with relevant conditions, the conclusion of the equipment factory inspection and test, the closure of the equipment non-conforming items, and whether the inspection unit has implemented effective supervised manufacture, inspection before shipping, supervised installation and acceptance for the reported equipment.

For important problems discovered during the examination process, Nuclear Safety Center shall raise the examination questions in written form, and require the applicant unit to respond in writing to the examination questions within 20 working days. Nuclear Safety Center shall return the application documents in writing if the examination questions are not responded by the expiry date or no reasons for extension in writing are provided.

For equipment that requires supplementary verification, Nuclear Safety Center shall review the supplementary verification work plan submitted by the applicant unit and conduct a witness inspection of the supplementary verification process. After the supplementary verification is qualified, Nuclear Safety Center shall provide document examination comments based on the document examination work.

For equipment that requires independent inspection, Nuclear Safety Center shall formulate an independent inspection work plan and organize independent inspection of the equipment. After the independent inspection is qualified, Nuclear Safety Center shall generate document examination comment based on the document examination work.

In principle, Nuclear Safety Center shall complete the examination of safety inspection documents within 20 working days (excluding the time for question response, supplementary verification and independent inspection), and propose the comments of "release" "conditional release" or "reject to release" according to the examination status. Document examination comments and major problems are collected weekly, and *Imported Civil Nuclear Safety Equipment Safety Inspection Document Examination Report* is submitted to Nuclear Department I.

7.4 Administrative Approval

Nuclear Department I shall verify the conclusion of document examination, and if the conditions for release are met, will issue *Imported Civil Nuclear Safety Equipment Inspection and Release Permit* (see Annex 2) and *Imported Civil Nuclear Safety Equipment Unpacking Inspection Document Examination Sheet* (see Annex 3) to the applicant unit. For conditional release, follow-up regulatory requirements shall be raised; for the inspection application that is not allowed to be released, the applicant unit will be notified in writing.

7.5 Unpacking Inspection Witness

After the document examination, the safety inspection agencies will determine the equipment batches for unpacking witness inspection based on the equipment unpacking inspection plan submitted by the applicant unit at the end of each month and notify the applicant unit. Random inspection will be adopted for unpacking inspection witness, and its proportion shall be multiplied when problems are found in the random inspection.

During the unpacking inspection witness process, the safety inspection personnel will focus on the consistency of the unpacking inspection process, the qualifications of inspectors, the inspection tools, and the inspection content and requirements of the applicant unit with the unpacking inspection related procedures. During the unpacking inspection witness, the safety inspection personnel shall truthfully record the content of the inspection witness, the inspection results and the problems found. Relevant evidence shall be retained for the problems found, such as the physical defects that need to be photographed for retention. Important problems discovered during the inspection can be reported in a timely manner in the form of Important Problem Report. After the inspection witness is completed, *Imported Civil Nuclear Safety Equipment Unpacking Witness Inspection Report* (see Annex 4) will be issued to the applicant unit.

7.6 Safety Performance Test Witness Inspection

In the stage of equipment installation and pre-loading commissioning, regional office supervises and inspects the safety performance test of imported civil nuclear safety equipment. Supervision and inspection can take the form of record confirmation and on-site witness.

The supervision and inspection of equipment and system installation and commissioning activities carried out by the regional office before the first loading of nuclear facilities can replace the inspection witness activities of safety performance test for imported civil nuclear safety equipment. Regional office shall, within 15 working days from the end of all tests involving the safety performance of the imported civil nuclear safety equipment, submit *Final Report on On-site Supervision of Imported Civil Nuclear Safety Equipment* to Nuclear Department I for each unit, and send a copy to Nuclear Department II or Nuclear Department III and Nuclear Safety Center.

8 Final Report

Before the first fuel loading of the nuclear facility, Nuclear Safety Center shall issue *Final Report on Safety Inspection of*

Imported Civil Nuclear Safety Equipment for the nuclear facility, within 15 working days after receiving the materials required for the preparation of the final safety inspection report submitted by relevant regional oversight station, nuclear facility operator, and the general contractor of civil nuclear facility nuclear island construction, The Final report summarizes the examination of safety inspection documents and the situation of unpacking witness inspection out of the nuclear facility site, takes into consideration the on-site supervision and inspection conclusions of oversight stations, and problems the overall conclusions for the safety inspections of the nuclear facility's imported civilian nuclear safety equipment.

9 Use of Safety Inspection Results

(1) Administrative penalties: For violations of laws and regulations by registered foreign units and applicant units, the results of safety inspections can be used as the basis for implementing corresponding administrative penalties.

(2) Re-registration: Before the expiration of the registration confirmation of the registered foreign units, Nuclear Safety Center will submit the safety inspection evaluation report of the registered foreign unit to Nuclear Department I as one of the basis for the acceptance of the re-registration.

(3) Experience feedback: Regarding common problems found during the safety inspection, Nuclear Safety Center adopts appropriate methods for experience feedback.

(4) Summary of the safety inspection of imported civilian nuclear safety equipment for nuclear facilities: According to the requirements of Nuclear Department I tasks, Nuclear Safety Center submitted *Final Report on the Safety Inspection of Imported Civil Nuclear Safety Equipment* as one of the basis for issuing the operation license.

10 Outline Management

Department of Nuclear Facility Safety Regulation is responsible for the management of this outline, and it is revised or updated from time to time according to the implementation status.

Annex 1 Imported Civil Nuclear Safety Equipment Safety Inspection Workflow Chart

Annex 2 Imported Civil Nuclear Safety Equipment Port Inspection Release Permit

Annex 3 Imported Civil Nuclear Safety Equipment Unpacking Document Examination Form

Annex 4 Imported Civil Nuclear Safety Equipment Unpacking Witness Inspection Report

Annex 1

Imported Civil Nuclear Safety Equipment Safety Inspection Workflow Chart

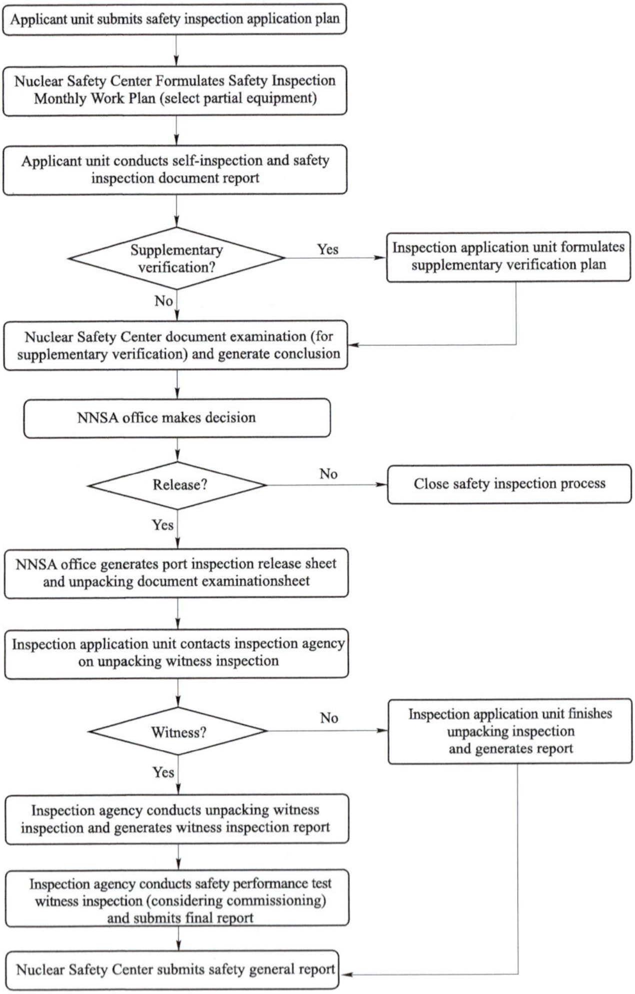

Annex 2

Imported Civil Nuclear Safety Equipment Port Inspection Release Permit

Sent To:

Applicant unit		Application document No.	
Project/unit		No.	NNSA-KA-XXXX
Equipment applied for inspection			
Applicant unit information			
Contact person		Tel.	
Fax		E-mail	
Information of Equipment applied for inspection			
Country of origin and manufacturer		Contract No.	
Equipment type		Quantity	
Equipment variety		Nuclear safety class	
Port inspection conclusion			
Issuing authority (stamp)		Issuing date	

Copied to:

Annex 3

Imported Civil Nuclear Safety Equipment Unpacking Document Examination Form

Sent to:

Applicant unit		Application document No.	
Project/unit		No.	NNSA-KXWJ-XXXX
Unpacking location		Safety inspection agency	
Equipment applied for inspection			
Applicant unit information			
Inspection application contact person		Tel.	
Fax		E-mail	
Information of equipment applied for inspection			
Country of origin and manufacturer		Contract No.	
Equipment type		Quantity	
Equipment variety		Nuclear safety class	
Crating information			
Conclusion			
Issuing authority (Stamp)		Issuing date	

Copied to:

Annex 4

Imported Civil Nuclear Safety Equipment Unpacking Witness Inspection Report

Safety inspection agency: Report No.:

Applicant unit		Application document No.	
Project name/unit		Unpacking document examination sheet No.	
Unpacking date		Unpacking record sheet No.	
Applicant unit information			
Inspection application contact person		Tel.	
Fax		E-mail	
Unpacking equipment information			
Country of origin and manufacturer		Contract No.	
Equipment type		Quantity	
Equipment variety/equipment name		Nuclear safety class	
Equipment No. (Series No.)			
Unpacking witness inspection status			
Inspection item	**Inspection result**		
Preparation status for unpacking inspection documents			

continued

Inspector certification	
Measurement equipment calibration	
Equipment package	
Equipment appearance	
Technical parameters such as spec., model and dimensions	
Quality	
Ex-factory information	
Shipping documents	
Packing list	
Equipment functions and performance test	
Other inspections required by safety inspection agency	
Unpacking witness inspection conclusion	

Prepared By/Date:		**Safety Inspection Agency Stamp**	
Reviewed By/Date:			
Examined By/Date:			
Approved By/Date:			

9.2 Format and Content of Imported Civil Nuclear Safety Equipment Safety Inspection Documents

1 Purpose

This document is formulated to further clarify the format and content of imported civil nuclear safety equipment safety inspection documents, and to promote the normalization and standardization of safety inspection documents.

2 Scope

This document specifies the format and content of relevant documents for of imported civil nuclear safety equipment safety inspection.

3 Compilation basis

1) *Nuclear Safety Law of the People's Republic of China.*

2) *Regulation on Supervision and Administration of Civil Nuclear Safety Equipment (State Council Decree No. 500).*

3) *Code on Supervision and Control of Imported Civil Nuclear*

Safety Equipment（*HAF604*）.

4) *Notification on Issuance of Catalogue of Civil Nuclear Safety Equipment (2016 Revision) and Explanations (Issued by NNSA in 2016, No. 79).*

5) Other management requirements from the National Nuclear Safety Administration.

4 Safety Inspection Application Documents

Safety inspection application documents consist of two types: safety inspection plan documents and equipment safety inspection application documents.

4.1 Safety Inspection Plan Documents

The Nuclear Safety Center shall receive the safety inspection document application plan of the next month submitted by the applicant units prior to 25th of each month, including the "Summary Table of the Safety Inspection Document Application Plan", the "Inspection Equipment Information Table" (see Annex 1 for the format) and corresponding packing list. The equipment to be inspected in the packing list shall be clearly marked.

4.2 Application Documents for Equipment Safety Inspection

4.2.1 Document List

Equipment safety inspection application documents (see Annex 2 for the format) include:

(1) Safety inspection application letter;

(2) Safety inspection application form;

(3) Safety inspection application instructions;

(4) Product quality certification documents;

(5) Equipment packing list;

(6) Foreign trade contract abstract and information table;

(7) Document self-inspection report;

(8) Product as-built documents such as equipment quality plan, equipment assembly drawing and ex-factory inspection and test report, etc;

(9) Reports of supervised manufacture, inspection before shipping, supervised installation and acceptance;

(10) Equipment non-conformance reports;

(11) Equipment specifications;

(12) Safety inspection working procedures and documents;

(13) Report on the treatment and closure of problems discovered during the supervision and inspections of nuclear safety regulators;

(14) Other materials required to be submitted.

4.2.2 Contents of Application Documents

Requirements for the main contents of the equipment safety inspection application document are as follows:

(1) The "Project Name" column of the application letter shall at least contain information such as the name of the nuclear power project, unit, the type and name of the equipment for inspection;

(2) The inspection application form shall specify the non-conformances and equipment qualification of all inspection

equipment and subcontracting equipment; for imported civil nuclear safety equipment that is newly designed or re-designed and verified, the documents shall include the appraisal program, report, design unit review conclusion of the inspection application equipment;

(3) The equipment category and type in the inspection application form and inspection application instructions shall be consistent with the equipment category and type described in the Confirmation of registration of foreign units, and accurately display all inspection equipment and subcontracted equipment information, such as equipment category and type, safety level, quantity, country of manufacture and manufacturer, etc.; the inspection application form shall explain the update and alteration of the procurement technical documents for the inspection application equipment;

(4) The packing list must have a valid signature or seal, and all inspection equipment and spot-check equipment in the packing list shall have obvious marks;

(5) Product quality certification documents shall be provided by the equipment manufacturer, covering all equipment to be inspected and subcontracted equipment, specifying the technical specifications and related standards that the equipment meets, and giving clear quality conclusions;

(6) The summary of the foreign trade contract shall include the first page of the contract and a copy of the signature page of the equipment to be inspected (as for subcontract, provide the subcontract number). The foreign trade contract information table shall specify the contract relationship, technical documents, subcontract contents,

subcontractor registration status and other information between/from subcontractors at all levels;

(7) The general assembly drawing and the factory inspection test report are limited to relevant documents of the selective inspection equipment; other safety inspection documents shall include all the relevant documents of the equipment to be inspected;

(8) The quality plan of the equipment for inspection shall include all the manufacturing and inspection processes and links of the equipment for inspection, and list the information, including procedures, records, operators and inspectors for each process and link, that proves that the equipment manufacturing process is under control; the quality plan shall be reviewed and approved by the purchasing unit;

(9) The non-conformances of the equipment for inspection include non-conformances in the manufacturing stage and quality problems of the same type of equipment from the same manufacturer discovered during the installation, commissioning and operation stages of the nuclear facility in the past 18 months;

(10) The technical document contains the purchase technical specifications or contract technical attachments (equipment factory inspection test program, test procedures, etc.) of the batch of equipment for inspection and subcontracting equipment, and clarifies the relevant requirements for equipment design, manufacturing, function and testing; purchase technical documents of the equipment for inspection shall be confirmed by the relevant foreign registration unit;

(11) Safety inspection work management procedures mainly stipulate the organization, responsibilities, work content, procedures, requirements and interfaces related to safety inspection work;

(12) The problems discovered by the nuclear safety supervision department include the problems discovered by the supervision department during the supervision and inspection of the equipment manufacturing stage, as well as the problems found during the supervision and inspection at the installation, commissioning and operation stages of various nuclear facilities by the same manufacturer of the same equipment in the last 18 months;

(13) For inspection equipment that needs supplementary verification, the inspection document shall include the supplementary verification work plan.

4.3 Document Application Management Requirement

(1) The Nuclear Safety Center shall return the safety inspection application documents that do not meet the requirements. For equipment with re-application for inspection, the original application document number shall be used as the current application document number, and the document shall be marked with words "re-application for inspection". The safety inspection application document shall include the returned document;

(2) The Nuclear Safety Center shall receive safety inspection application documents through the safety inspection management system for imported civil nuclear safety equipment;

(3) The safety inspection application document shall be in

Chinese or English;

(4) All safety inspection application documents must be valid with official seal;

(5) If there are equipment swapping between projects, the safety inspection documents shall include the filing documents for the swapping;

(6) Safety inspection management procedures only need to be submitted at the first document inspection or document revision;

(7) Equipment technical documents only need to be submitted during the safety inspection application for the first batch of equipment out of purchase package, and relevant technical documents shall be submitted in time after the document is changed or upgraded.

5 Safety Inspection Documents

In the safety inspection process of imported civil nuclear safety equipment, the safety inspection documents (see Annex 3 for the format) that shall be issued by the National Nuclear Safety Administration and its affiliated inspection agencies at the stages of document examination, unpacking witness inspection, and safety performance witness inspection include:

(1) *Imported Civil Nuclear Safety Equipment Port Inspection Release Permit*;

(2) *Imported Civil Nuclear Safety Equipment Unpacking Document Examination Form*;

(3) *Imported Civil Nuclear Safety Equipment Unpacking Witness*

Inspection Report;

(4) *Summary Report on On-Site Supervision of Imported Civil Nuclear Safety Equipment for Nuclear Facilities;*

(5) Final Report on Safety Inspection of Imported Civil Nuclear Safety Equipment for Nuclear Facilities (See Clause 6 for format and content).

6 Final report on Safety Inspection of Imported Civil Nuclear Safety Equipment for Nuclear Facilities

6.1 Documentation List

The list of documents required to compile the general safety inspection report (see Annex 4 for the format) is as follows:

(1) *Imported Civil Nuclear Safety Equipment Safety Inspection Record Form*;

(2) Unpacking Self-Inspection Records and Reports of Imported Civil Nuclear Safety Equipment;

(3) *Statistical Table of Non-Conformances, Problems and Abnormal Events During Unpacking Inspection Stage of Imported Civil Nuclear Safety Equipment*;

(4) *Statistical Table of Conditional Release of Imported Civil Nuclear Safety Equipment*;

(5) Statistical Table of Imported Civil Nuclear Safety Equipment without Safety Inspection;

(6) Summary Report on the Manufacture Supervision of the

Imported Civil Nuclear Safety Equipment for Units;

(7) *Summary Table of Appraisal Status of Imported Civil Nuclear Safety Equipment for Units*;

(8) *Statistical Table of Non-Conformances, Problems and Abnormal Events in the Installation Stage of Imported Civil Nuclear Safety Equipment*;

(9) Statistical Table on the Swapping (Scrapping or Replacement) of Imported Civil Nuclear Safety Equipment;

(10) *List of Commissioning Test Items Related to Safety Performance Test of Imported Civil Nuclear Safety Equipment*;

(11) *Statistical Table of Non-Conformances, Problems and Abnormal Events During the Commissioning of Imported Civil Nuclear Safety Equipment*;

(12) Summary Report of Commissioning before Unit Fuel Loading;

(13) Summary Report on On-Site Supervision of Imported Civil Nuclear Safety Equipment;

(14) Other documents to be collected.

6.2 Requirement for documentation

(1) The content is complete, authentic and accurate;

(2) The contents of the records of non-conformances, problems or abnormal events of imported nuclear safety equipment shall include related problems and events that involve rework, repair, replacement, scrapping, use as is or other treatment; the items involved include not only the entire equipment, but also the components of it;

(3) The "Summary Report on the Manufacture Supervision of Imported Civil Nuclear Safety Equipment" shall include the overall situation of the equipment manufacture supervision process, the supervision of important equipment, the main problems found in the supervision process and the handling information, etc.;

(4) The supporting materials for the preparation of the final report are collected and organized by unit. Among them, the "List of Commissioning Test Items Related to the Safety Performance Test of Imported Civil Nuclear Safety Equipment" and the "Summary Report on Pre-fuel-loading Commissioning " shall be collected and sorted out within 5 working days after the completion of the pre-fuel-loading commissioning, and other materials shall be collected and sorted out before start of the unit cold performance test.

6.3 Format and Content

The format and content of the nuclear facility safety inspection final report include:

(1) General Description of the Unit

This part mainly summarizes the information related to the location of the units, the type of reactors, the construction contractors, the operating organization, and the imported nuclear safety equipment.

(2) The Unit Safety Inspection Process and Scope

This part mainly provides an overview of the process, equipment category, quantity, nuclear safety class, and foreign suppliers during document review, unpacking witness inspection, installation and commissioning and safety performance witness inspection for imported civil nuclear safety equipment.

(3) Content of Safety Inspection

This part mainly provides an overview of the inspection items, inspection concerns, and inspection release during different stages of the safety inspection of imported civil nuclear safety equipment.

(4) Main Problems and Abnormal Conditions

This part mainly provides an overview of the main problems, non-conformances, deviations, abnormal conditions, corresponding solutions and unqualified equipment found in different stages of equipment manufacturing, safety inspection, installation and commissioning, and points out the problems requiring follow-up tracking and the regulatory recommendations.

(5) Conclusion for Safety Inspection

This part mainly describes the operating organization's compliance with nuclear safety laws and regulations, conclusions of the safety inspection document examination, and the equipment unpacking witness inspection results; safety performance test witness inspection conclusion based on the supervision and inspection results; conclusion for treatment of non-conformances based on the treatment process and conclusion of non-conformances of imported civil nuclear safety equipment; the overall conclusions of the safety inspection of the imported civil nuclear safety equipment for nuclear facilities based on the on-site supervision and inspection conclusions of the regional supervision stations.

7 Records

None

Annex 1 Document Format for Safety Inspection Plan

Summary Table of the Safety Inspection Document Application Plan

Inspection Equipment Information Table

Annex 2 Application Document Format for Equipment Safety Inspection

Application Letter for Safety Inspection Application Materials for Imported Civil Nuclear Safety Equipment

Application Form for Inspection of Imported Civil Nuclear Safety Equipment

Imported Civil Nuclear Safety Equipment Safety Inspection Application Instructions

Foreign Trade Contract Information Table

Self-inspection Report on Completion Documents of Imported Civil Nuclear Safety Equipment

Annex 3 Safety Inspection Document Format

Imported Civil Nuclear Safety Equipment Port Inspection Release Permit

Imported Civil Nuclear Safety Equipment Unpacking Document Examination Form

Imported Civil Nuclear Safety Equipment Unpacking Witness

Inspection Report

Annex 4 Document Format for Final report of Nuclear Facility Safety Inspection

Imported Civil Nuclear Safety Equipment Safety Inspection Record Form

Statistical Table of Non-Conformances, Problems and Abnormal Events During Unpacking Inspection Stage of Imported Civil Nuclear Safety Equipment

Statistical Table of Conditional Release of Imported Civil Nuclear Safety Equipment

Statistical Table of Imported Civil Nuclear Safety Equipment without Safety Inspection

Summary Table of Appraisal Status of Imported Civil Nuclear Safety Equipment for Units

Statistical Table of Non-Conformances, Problems and Abnormal Events in the Installation Stage of Imported Civil Nuclear Safety Equipment

Statistical Table on the Swapping (Scrapping or Replacement) of Imported Civil Nuclear Safety Equipment

List of Commissioning Test Items Related to Safety Performance Test of Imported Civil Nuclear Safety Equipment

Statistical Table of Non-Conformances, Problems and Abnormal Events During the Commissioning of Imported Civil Nuclear Safety Equipment

Annex 1 Document Format for Safety Inspection Plan

Summary Table of the Safety Inspection Document Application Plan (Month XX Year XX)

No.	Application Document No.	Project	Unit No.	Equipment Category	Equipment Type	Category (Mechanical/Electrical)	Supplier	Inspection Equipment Information Table	Packing List
1									
2									

Total: XX batches

Prepared By		Reviewed By		Approved By		Company Seal

Inspection Equipment Information Table

Inspection Applicant	Application Document No.	Equipment Category	Equipment Type	Project /Unit No.	Functional Location Code/ Material Code	Equipment Major Parameter Information	Nuclear Safety Class/Quantity(Sets)				Note
							1	2	3	1E	
		Total: x Boxes x Sets									

Note: If the functional location code/material code is not clear, you can fill in the batch number, configuration number or model, etc.

Annex 2 Application Document Format for Safety Inspection of Imported Civil Nuclear Safety Equipment

Report Letter for Safety Inspection Application Materials for Imported Civil Nuclear Safety Equipment

Application Document No.:

Project Name	(Project-Unit-Equipment Category -Type- Name)

Inspection Application Document List

No.	Name of Document for Inspection Application	Note

Self-inspection of the application document by the inspection applicant

Self-inspection and Result:

Inspection Applicant Signature/Date		Inspection Applicant (Company Seal)	

Application Form for Inspection of Imported Civil Nuclear Safety Equipment

Inspection Application Date		Inspection Applicant	
Destination Port		Date of Arrival	
Unpacking Location		Expected Unpacking Date	
Inspection Applicant Information			
Inspection Applicant Address		Zip Code	
Telephone		Fax	
Contact Person		Phone Number of Contact Person	
Contact Person Fax		E-mail	
Inspection Application Information			
Manufacturing Country and Manufacturer		Contract No.	
Product Category		Quantity	
Product Document Attached to the Package:			
Inspection Equipment Information			

No.	Equipment Category/ Type/Name	Quantity	Manufacturing Country	Manufacturer	Registration Confirmation Letter No. (Copies Attached)	Note

Inspection application instructions: 1. Non-conformances and equipment qualification of the equipment and subcontracted equipment submitted for inspection; 2. A total of XX boxes and XX sets; 3. Explanation for the revision and change of technical documents; 4. Explanation of other conditions.

Safety Inspection Application Instructions (Mechanical/Electrical Equipment) of Imported Civil Nuclear Safety Equipment

Case No.	Equipment Category	Equipment Type	Equipment Name	Material Code/ Functional Location Code	Target Unit	Quantity					Product Quality Certificate No.	Unpacking Location	Note
						Nuclear Class 1	Nuclear Class 2	Nuclear Class 3	1E(Inside/ Outside the Containment)	Unit			

Total: XX boxes XX sets

Foreign Trade Contract Information Table

Inspection Equipment or Component	Purchaser	Contract No.	Procurement Technical Document No.	Supplier	Equipment (Component) Manufacturing/ Design Activities	Supplier Registration Confirmation Letter No.	Note

Self-inspection Report on Completion Documents of Imported Civil Nuclear Safety Equipment

Inspection Items	Basis/Criteria	Inspection Content	Inspection Conclusion	Note
Foreign Unit Registration Confirmation Letter	Validity Period of the Certificate	Date of Manufacturing Completion of Inspection Equipment	Whether the effective date of the certificate covers the manufacturing completion date	(List relevant information)
	Certificate Activity Scope: Equipment Category, Equipment Type, Safety Class and Activity Locations	Information of equipment to be inspected: 1. Category, Type, Nuclear Class of Equipment to be Inspected 2. Activity Location	Whether the equipment to be inspected meets the requirements of the registration activity scope	(List the certificate activity scope and information of equipment to be inspected)
	Subcontract Projects	Subcontract Project Status		
	Specific registration conditions		Whether the registration requirements are met	
Compliance with technical specifications or related design documents	/	Equipment materials, processes, design requirements, performance parameters, etc.	Whether the requirements are met	
Equipment design change control and design verification status	/	Design change document number	1. Whether the equipment qualification test and design verification have been completed; 2. Whether the conclusion is applicable to the equipment to be inspected.	(List the design change document number)

continued

Inspection Items	Basis/Criteria	Inspection Content	Inspection Conclusion	Note
Equipment non-destructive examination activities	/	List of main non-destructive test reports	1. Whether the report meets the requirements; 2. Whether the conclusion is qualified	(List the main non-destructive examination reports)
	/	Qualification certificate of non-destructive examination personnel	Whether the regulatory requirements are met	
Equipment quality plan and quality control in manufacturing process	Quality plan inspection point selection of equipment to be inspected	Implementation status		(List the quality plan number of the spot-check equipment)
Equipment manufacturing process inspection and completion status of factory test	Inspection and test items required by the technical specification	1. Inspection and test report of critical equipment procedures; 2. Equipment factory test report		(List the main test items and reports of the spot-check equipment)
Equipment general assembly drawing	Drawing number and version in the quality plan	Drawing number and version of the equipment		(List the drawing number and version of the spot-check equipment)
Major and critical non-conformances disposition and closure	/	List of major and critical non-conformances and their closure		(List the non-conformance report number)
Equipment purchase contract and subcontract management	Compliance with the relevant management requirements of the National Nuclear Safety Administration	Whether there are intermediate procurement or subcontracting activities out to manufacturers without registration confirmation letter		

continued

Inspection Items	Basis/Criteria	Inspection Content	Inspection Conclusion	Note
Disposition and closure of problems found in the supervision and inspection by nuclear safety supervision department	/			
Others	/			
Conclusion of Self-inspection				

Prepared By:	Reviewed By:	Approved By:	(Company Seal)

Annex 3 Safety Inspection Document Format

Imported Civil Nuclear Safety Equipment Port Inspection Release Permit

Main receiving unit:

Inspection Applicant		Application Document No.	
Project/Unit		No.	NNSA-KA-XXXX
Inspection Equipment			
Inspection Applicant Information			
Contact Person		Tel.	
Fax		E-mail	
Inspection Equipment Information			
Manufacturing Country and Manufacturer		Contract No.	
Equipment Category		Quantity	
Equipment Type		Nuclear Safety Class	
Port Inspection Conclusion			
Issuing Authority (Seal)		Issuing Date	

CC:

Imported Civil Nuclear Safety Equipment Unpacking Document Examination Form

Main receiving unit:

Inspection Applicant		Application Document No.	
Project/Unit		No.	NNSA-KXWJ-XXXX
Unpacking Location		Safety Inspection Agency	
Inspection Equipment			
Inspection Applicant Information			
Inspection Application Contact Person		Tel.	
Fax		E-mail	
Inspection Equipment Information			
Manufacturing Country and Manufacturer		Contract No.	
Equipment Category		Quantity	
Equipment Type		Nuclear Safety Class	
Packing Information			
Conclusion			
Issuing Authority (Seal)		Issuing Date	

CC:

Imported Civil Nuclear Safety Equipment Unpacking Witness Inspection Report

Safety Inspection Agency: Report No.:

Inspection Applicant		Application Document No.	
Project Name/Unit		Unpacking Document Examination Form No.	
Unpacking Date		Unpacking Record No.	
Inspection Applicant Information			
Inspection Application Contact Person		Tel.	
Fax		E-mail	
Unpacking Equipment Information			
Manufacturing Country and Manufacturer		Contract No.	
Equipment Category		Quantity	
Equipment Type/Equipment Name		Nuclear Safety Class	
Equipment No. (Series No.)			
Unpacking Witness Inspection			

Inspection Item	**Inspection Result**
Unpacking Inspection Document Preparation Status	
Inspector Qualification Authorization	
Calibration of Measuring Equipment	

continued

Equipment Packaging	
Equipment Appearance	
Technical Parameters Including Specifications, Model, Sizes	
Quantity	
Factory Information	
Document Attached to the Package	
Packing List	
Equipment Function and Performance Test	
Other Inspection Items the Safety Inspection Agency Deems Necessary	
Unpacking Witness Inspection Conclusion	

Prepared By/Date		**Safety Inspection Agency Seal**	
Reviewed By/Date			
Validated By/Date			
Approved By/Date			

Annex 4　Document Format for Final Report of Nuclear Facility Safety Inspection

Imported Civil Nuclear Safety Equipment Safety Inspection Record Form

No.	Inspection Application Document No.	Batch No.	Contract No.	Equipment Code	System the equipment belongs to	Equipment Category	Equipment Name	Safety Class	Quantity	Unit	Manufacturing Country	Manufacturer	Document examination report number	Unpacking Location	Unpacking Inspection Date	Safety inspection office unpacking witness inspection record number	Safety inspection office unpacking witness inspection report number	Witness point inspection by the Supervision Station	Unpacking witness inspection report number	Unpacking self-inspection record and report filing date	Unpacking self-inspection record filing number	Unpacking self-inspection report filing number
1																						
2																						

Statistical Table of Non-Conformances, Problems and Abnormal Events During Unpacking Inspection Stage of Imported Civil Nuclear Safety Equipment

No.	NCR/Problem/ Abnormal event Number	Inspection Application Document No.	Port Inspection Release Permit	Batch No.	Observation Date	Equipment Name	Equipment Code	System the equipment belongs to	Safety Class	Manufacturing Country	Manufacturer	Unit	Cause	NCR/Problem/ Abnormal event description	Related Measures	Basis for Closure	Whether to be replaced or scrapped	Status
1																		
2																		

Statistical Table of Conditional Release of Imported Civil Nuclear Safety Equipment

No.	Inspection Application Document No.	Port Inspection Release Permit	Equipment Name	Equipment Code	Safety Class	Equipment Quantity	Manufacturing Country	Manufacturer	Safety Inspection Phase	Reasons for Conditional Release	Disposition Status	Measures in the Subsequent Operation
1												
2												

Note: Conditional release refers to the release conditions set in the *Imported Civil Nuclear Safety Equipment Port Inspection Release Permit*, *Imported Civil Nuclear Safety Equipment Unpacking Document Examination Form*, *Unpacking Witness Report of Imported Civil Nuclear Safety Equipment*. This table applies to all operating organizations.

Statistical Table of Imported Civil Nuclear Safety Equipment without Safety Inspection

No.	Inspection Application Document No.	Equipment Name	Equipment Code	Safety Class	Equipment Quantity	Manufacturing Country	Manufacturer	Safety Inspection Phase	Reasons and explanations for failure to perform safety inspections	Follow-up measures
1										
2										

Summary Table of Appraisal Status of Imported Civil Nuclear Safety Equipment for Units

No.	Equipment Category	Equipment Name	Equipment Code	Safety Class	Item No.	Manufacturing Country	Manufacturer	Port inspection release permit	Date of arrival	Completion date of equipment appraisal	Progress and existing problems	Regulatory review and approval status	Equipment appraisal status
1													
2													

Statistical Table of Non-Conformances, Problems and Abnormal Events in the Installation Stage of Imported Civil Nuclear Safety Equipment

No.	NCR/Problem/ Abnormal event Number	Inspection Application Document No.	Port Inspection Release Permit	Batch No.	Observation Date	Equipment Name	Equipment Code	System the equipment belongs to	Safety Class	Manufacturing Country	Manufacturer	Unit	Cause	NCR/ Problem/ Abnormal event description	Related Measures	Basis for Closure	Whether to be replaced or scrapped	Status
1																		
2																		

Statistical Table on the Swapping (Scrapping or Replacement) of Imported Civil Nuclear Safety Equipment

No.	Inspection Application Document No.	Port inspection release permit	Equipment Name	Equipment Code	Equipment Quantity	Safety Class	Manufacturing Country	Manufacturer	Reasons and Condition Description	Record Filing
1										
2										

List of Commissioning Test Items Related to Safety Performance Test of Imported Civil Nuclear Safety Equipment

No.	Equipment Name	Equipment Code	Safety Class	System the equipment belongs to	Commissioning Procedures	Test Name
1						
2						

Statistical Table of Non-Conformances, Problems and Abnormal Events During the Commissioning of Imported Civil Nuclear Safety Equipment

No.	NCR/Problem/Abnormal event Number	Inspection Application Document No.	Port Release Permit No.	Batch No.	Observation Date	Equipment Name	Equipment Code	System the equipment belongs to	Safety Class	Manufacturing Country	Manufacturer	Unit	Commissioning Procedures	Cause	NCR/Problem/Abnormal event description	Related Measures	Basis for Closure	Whether to be replaced or scrapped	Status
1																			
2																			

9.3 Detailed Rules on Unpacking Inspection and Witness for Imported Civil Nuclear Safety Equipment

1 Purpose

This rule is set up in order to strengthen unpacking inspection and witness for imported civil nuclear safety equipment, define the scope and interface of the unpacking inspection and witness, regulate the work, process and requirements, and promote the standardization, proceduralization and refinement of unpacking inspection and witness.

2 Scope

This rule is applicable to the supervisory review (unpacking inspection and witness) on unpacking inspection for imported civil nuclear safety equipment outside nuclear facilities.

3 Compilation basis

(1) *Nuclear Safety Law of the People's Republic of China*

(2) *Regulation on Supervision and Administration of Civil Nuclear Safety Equipment (State Council Decree No. 500)*

(3) *Code on Supervision and Control of Imported Civil Nuclear Safety Equipment (HAF604)*

(4) *Notification on Issuance of Catalogue of Civil Nuclear Safety Equipment (2016 Revision) and Explanations (Issued by NNSA in 2016, No. 79)*

(5) *Notification on Issuance of Requirements on Supervision and Control of Non-conformance during Civil Nuclear Safety Equipment Manufacturing (For Trial Implementation) (Issued by NNSA in 2016, No. 84)*

4 Process and requirement

The process of unpacking inspection and witness mainly covers receipt of unpacking inspection plan, identification of the inspection schedule and requirements, implementation of the unpacking inspection and witness, problem reporting, disposition and feedback, records and reports, as detailed in Annex 1.

4.1 Receipt of Unpacking Inspection Plan

The Nuclear Safety Center receives the unpacking inspection plans for the following month submitted by the inspection applicants before 25th every month, and verifies safety inspection documentation review results in accordance with the "*Imported Civil Nuclear Safety Equipment Port Inspection Release Permit*", "*Imported Civil Nuclear*

Safety Equipment Unpacking Document Review Form" and other applicable documents. For those batches undergoing supplementary verification or independent inspection during the document review, the equipment testing conclusions shall also be focused for verification. For equipment batches conforming to the requirements, the Nuclear Safety Center will identify the equipment batches to be inspected and witnessed and notify the inspection applicants based on the equipment information table, packing list and other information, in combination with the nuclear safety classification and equipment representativeness.

4.2 Identification of Unpacking Inspection and Witness Schedule and Requirement

After receiving the unpacking application and unpacking inspection work plan submitted by the inspection applicants 5 working days in advance, the Nuclear Safety Center will verify the preparation status of the unpacking inspection site, personnel, tools, measuring instruments, testing platforms and procedures in the work plan, as well as the unpacking inspection implementation schedule. The agenda, personnel and work arrangements for the witness and inspection shall also be determined and notified to the inspection applicants.

4.3 Unpacking Inspection and Witness

4.3.1 Preparation of Unpacking Inspection and Witness

The Nuclear Safety Center shall send two safety inspectors to the site for witnesses before the unpacking inspection. The safety inspectors may organize pre-inspection meetings as appropriate to check the conformity of unpacking inspection procedures and documents, the preparation condition of unpacking personnel, equipment and tooling, etc., and the corrective actions and closure of the problems observed during the previous unpacking inspection and witness; clarify the proportion of equipment for unpacking inspection and witness, inspection content and scope, inspected equipment parameters and acceptance standards, etc.; and inspect the applicant's protective measures for special nuclear safety equipment containing radioactive, hazardous chemicals and dangerous goods.

4.3.2 Inspection Ratio of the Unpacking Inspection and Witness

The unpacking witness inspection can be carried out by spot check, which ratio shall be determined by the importance and representativeness of nuclear safety equipment. The the main principles are as follows:

(1) For Class I nuclear safety mechanical equipment, the spot check ratio is 100% (the ratio may be determined as appropriate for the equipment with a large quantity, but shall not be less than that specified in the following paragraph for the Class Ⅱ & Ⅲ nuclear safety mechanical equipment);

(2) For the Class Ⅱ & Ⅲ nuclear safety mechanical equipment and nuclear safety electrical equipment, at least one piece of imported civil nuclear safety equipment of the same equipment type and nuclear safety class manufactured by the same overseas registration company shall be selected for inspection.

4.3.3 Unpacking Inspection and Witness

Witness inspection mainly includes:

1) Personnel qualifications

Whether the relevant personnel actually participating in the unpacking inspection have the corresponding qualifications or authorizations.

2) Equipment storage location

Whether the storage conditions of the equipment meet its storage requirements, and the equipment is isolated and tagged as required.

3) Measuring instruments

Whether the measuring tools, appliances, and meters used have the appropriate range, model, accuracy and precision, and the relevant appliances have been verified or calibrated.

4) Equipment package

(1) Whether the outer package, fixture and gasket of the equipment meet the requirements;

(2) Whether the equipment outer package labeling is clear, with the box number, equipment information and other information being consistent with the inspection documentation;

(3) Whether the sealed packaging of the equipment is intact and validate, and the protective measures are effective;

(4) Whether the inside of the box is dry and the equipment is damp or water immersed;

(5) Whether the package contains any item irrelevant to the equipment.

5) Equipment information

Whether the equipment nuclear safety class, quantity, specification, model, identification (nameplates, commodity code, furnace batch number, etc.) are consistent with the packing list and inspection documentation.

6) Appearance and dimension of the equipment

(1) Whether the surface cleanliness of the equipment is conformable with the requirements and the appearance of the equipment is intact, free of rust, deformation, indentation, bumps, etc.;

(2) Whether there are measures, such as grease or nitrogen protection, on the surface of the equipment that requires anti-oxidation and anti-corrosion;

(3) Whether there is any bump, rust, or peeling paint on the equipment without package or with flexible package;

(4) Whether the inflation pressure readings of the inflation equipment and the appearance of the impact recorder are normal;

(5) For important items that have special requirements during the transportation, the readings and records of the instruments on the vehicle or equipment shall be checked for conformity to the specification requirements;

(6) Whether the critical dimensions of the equipment meet the relevant technical requirements.

7) Shipping documentation

Whether the equipment shipping documents are complete, generally, covering the packing list, equipment shipping notice, completion report and other documents that are convenient for verifying the information of equipment to be unpacked.

4.4 Problem Reporting, disposition and feedback

For the quality problems found during the unpacking inspection and witness, the safety inspection personnel shall truthfully record the problems and raise nuclear safety management requirements, and supervise the inspection applicant to deal with them in accordance with relevant management procedures and requirements; for non-conformance to be initiated, the applicant is required to report and handle non-conformance in accordance with the *Supervision and Management Requirements on Non-conformance during the Manufacture of Civil Nuclear Safety Equipment*. The relevant equipment cannot be used in the follow-up activities until the non-conformance is closed. Regarding major quality issues, the Nuclear Safety Center shall report and provide assistance in handling them in accordance with the "Compiling and Reporting Procedures for Important Condition Notifications". Regarding the typical quality problems found in the process of unpacking inspection and witness, the Nuclear Safety Center provides experience feedback in a regular manner.

4.5 Records and reports

The safety inspectors shall truthfully record the contents of the unpacking inspection and witness, the results of the witness inspection and the observed problems. After the unpacking witness inspection is completed, the *Imported Civil Nuclear Safety Equipment Unpacking*

Inspection and Witness Record (see Annex 2) shall be issued on the inspection location. The unpacking inspection and witness record must be signed and confirmed by the relevant leaders of the inspection applicant and the Nuclear Safety Center, with one copy for each.

After the unpacking inspection and witness is completed, the Nuclear Safety Center shall issue the *Imported Civil Nuclear Safety Equipment Unpacking Inspection and Witness Report* (see Annex 3) to the equipment witnessed for inspection within 10 working days, and the inspection applicant shall submit the unpacking inspection record and unpacking inspection report to the Nuclear Safety Center for record. If the inspection is unqualified, the Nuclear Safety Center shall state the reason for the unacceptance in the Imported Civil Nuclear Safety Equipment Unpacking Inspection and Witness Report. In such case the inspection applicant shall not carry out installation and commissioning activities.

5 Records

Table 1 List of record required for collection and retention during unpacking witness

No.	Record type	Responsible department	Kept by	Record Retention
1	Imported Civil Nuclear Safety Equipment Unpacking Inspection and Witness Record	Nuclear Safety Center	Nuclear Safety Center	3 years

Annex 1 Imported Civil Nuclear Safety Equipment Unpacking Inspection and Witness Workflow Chart

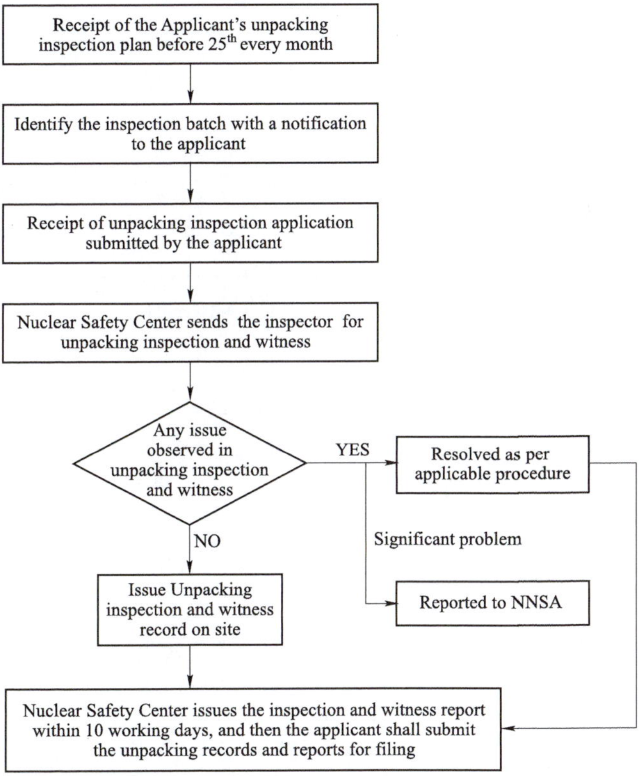

Annex 2 Imported Civil Nuclear Safety Equipment Unpacking Inspection and Witness Record

Safety Inspection Organization		Record No.	
Inspection Applicant			
Project/Unit			
Original country/ Manufacturer			
Equipment Category		Equipment Type/ Name	
Safety Class		Quantity	
Contract No.		Tag Number (Sequence No.)	
Inspection Content			
Inspection Results and Observations			
Nuclear Safety Management Requirement			
Safety Inspector and signature: Date:		Applicant's authorization personal and signature Date:	

Annex 3 Imported Civil Nuclear Safety Equipment Unpacking Inspection and Witness Report

Safety Inspection Organization:　　　　　　　　　　Report No.:

Inspection Applicant		Application No.	
Project/Unit		Unpacking Inspection and Witness Review Form No.	
Unpacking Inspection Date		Unpacking Inspection and Witness Record No.	
Inspection applicant			
Contact		Tel.	
Fax		Email	
Unpacked equipment			
Original country/ Manufacturer		Contract No.	
Equipment Category		Quantity	
Equipment Type/ Name		Safety Class	
Tag Number (Sequence No.)			
Unpacking Inspection and witness			
Inspection Item	**Inspection Results**		
Documentation preparation			
Inspector qualification or authorization			

continued

Measuring device calibration	
Equipment package	
Equipment Appearance	
Technical parameter(specification, dimension, etc.)	
Quantity	
Ex-Factory information	
Shipping documents	
Packing list	
Equipment function and performance test	
Other inspection items as requested by safety inspection organization	
Conclusion of unpacking inspection and witness	

Prepared by/ Date		**Stamp(Safety Inspection Organization)**	
Reviewed by/ Date			
Verified by/ Date			
Approved by/ Date			

9.4 Supplementary Verification Working Rules for Imported Civil Nuclear Safety Equipment

1 Purpose

This rule is formulated to regulate the supplementary verification of safety inspection of imported civil nuclear safety equipment, clarify the principles, procedures and requirements of supplementary verification, promote the standardization of the supplementary verification, and improve the work efficiency.

2 Scope of Application

This rule is applicable to the supplementary verification work for the safety inspection of imported civil nuclear safety equipment.

3 Compilation Basis

(1) *Nuclear Safety Law of the People's Republic of China;*

(2) *Regulation on Supervision and Administration of Civil Nuclear Safety Equipment (State Council Decree No.500);*

(3) *Provisions on Supervision and Administration of Imported Civilian Nuclear Safety Equipment(HAF604);*

(4) *Notification on Issuance of Catalogue of Civil Nuclear Safety Equipment (2016 Revision) and Explanations (Issued by NNSA in 2016)*

4 Supplementary Verification

Supplementary verification refers to the random inspection or verification of the safety performance of imported civil nuclear safety equipment by the Applicant unit when potential equipment quality risks are discovered during the review stage of safety inspection documents. The supplementary verification conclusions shall be used as one of the basis for the review and release of safety inspection documents.

4.1 Supplementary Verification Principles

In case of any of the following circumstances, supplementary verification shall be carried out for imported civil nuclear safety equipment.

(1) The Applicant unit fails to establish a quality interface relationship with the registered foreign unit;

(2) The Applicant unit fails to implement effective supervised manufacture, inspection before shipping, supervised installation and acceptance of the equipment as required;

(3) Registered foreign units which still engages in nuclear safety

equipment activities after the expiration of the Confirmation of registration of foreign units of the civil nuclear safety equipment activities of the People's Republic of China, and which has submitted the registration application to the National Nuclear Safety Administration within 6 months before the expiration of the Confirmation of Registration of Foreign Units of the Civil Nuclear Safety Equipment Activities of the People's Republic of China;

(4) Major quality problems arise or quality problems repeatedly emerge during the manufacturing, installation, commissioning and operation of the equipment;

(5) During the supervision and inspection organized by the National Nuclear Safety Administration and testing agencies, quality problems related to equipment safety functions and performances are found, and the equipment quality needs to be further verified;

(6) Abnormal conditions that may affect equipment quality during equipment transportation and storage.

When establishing a quality interface relationship with a registered foreign unit, the Applicant unit shall at least meet the following requirements at the same time.

(1) the applicant unit and registered foreign unit have established interface control procedures for the technical documents of procurement projects, and implement the interface control of technical documents according to the procedures;

(2) The contracted quality and technical terms of the equipment technical specifications shall be confirmed in writing by the registered foreign unit;

(3) The applicant unit has reviewed and conformed the quality plan, factory test procedures, deviations and nonconformances inconsistent with the technical documents of imported nuclear safety equipment;

(4) The registered foreign unit clearly indicates the technical specifications, drawing numbers, versions and other information of the equipment in the equipment quality documents;

(5) In case of purchasing imported civil nuclear safety equipment through equipment agents, the applicant unit, equipment agents and registered foreign unit shall sign a three-party procurement contract.

4.2 Supplementary Verification Work Flows

Supplementary verification work flows include technical evaluation, formulation of supplementary verification work plan, review of supplementary work plan, implementation of supplementary verification work, witness inspection and issuance of document review conclusion and other steps. See Annex 1 for the work flow chart.

(1) Technical evaluation.

The applicant unit shall determine whether it is necessary to carry out supplementary verification for imported civil nuclear safety equipment according to the above principles, and determine the method of supplementary verification in combination with the equipment status. The methods, such as test verification, analysis and calculation, technical evaluation may be used for supplementary verification.

(2) Formulate supplementary verification work plan.

The supplementary verification work plan shall be formulated according to the equipment technical specifications, specifications and standards or the equipment delivery test procedures confirmed by the purchasing unit and the safety requirements, functions and performances of the equipment, including the overall arrangement of verification work, description of equipment safety functions and performances, verification work procedures, qualification documents of verification organization acceptance criteria and handling methods of relevant abnormalities. When necessary, the supplementary verification work plan shall be reviewed and approved by the unit holding the corresponding equipment design license or letter of registration confirmation.

(3) Review of supplementary verification work plan.

The nuclear safety center processes the supplementary verification application and work plan, with the review results of safety inspection documents under consideration. The review shall focus on the effectiveness and integrity of verification work procedures, the qualification of verification institutions, the consistency of verification project conditions and acceptance criteria with equipment technical specifications, standards and specifications or equipment factory test procedures.

(4) Implementation of supplementary verification and witness inspection.

After receiving the supplementary verification application submitted by the applicant unit, the nuclear safety center shall determine the verification items for witness inspection and notify the applicant unit. The supplementary verification work shall be carried out in strict accordance with the reviewed and approved scheme.

When the nuclear safety center conducts witness inspection, no less than 2 personnel shall participate. For the long duration of supplementary verification, witness point selection may be adopted in stages according to the situation. The inspectors shall make records of the problems found during the witness inspection and the handling of the circumstances. In the process of supplementary verification, if problems are found, they shall be handled according to the determined abnormal situation handling scheme or relevant nonconformity handling procedures.

(5) Issuance of the review comments.

After the completion of supplementary verification work, the nuclear safety center shall issue the review comments of safety inspection documents after receiving the *Supplementary Verification Report of Imported Civil Nuclear Safety Equipment Safety Inspection* submitted by the inspection applicant. See Annex 2 for the format.

4.3 Institutions for Supplementary Verification

Supplementary verification institutions and personnel shall have corresponding ability, be familiar with relevant regulations, standards, equipment technical requirements and work plan, and be familiar with the operation of relevant instruments and devices. The test device or analysis and calculation software used for verification shall be mature or verified. Institutions engaged in supplementary verification of imported civil nuclear safety equipment shall meet one of the following conditions:

(1) The capacity of supplementary verification institutions for carrying out related verification test items has been recognized by China National Accreditation Service for Conformity Assessment (CNAS);

(2) The institution is the purchaser (or operating unit) of imported civil nuclear safety equipment, who has established a quality assurance system that meets the requirements of HAF003, has the ability to carry out performance verification of the imported civil nuclear safety equipment it purchases and has been engaged in relevant verification work;

(3) The institution is the institution legally established in China by the registered foreign unit, and has obtained written authorization from the original design and manufacturing entity of imported civil nuclear safety equipment, and agrees to carry out the performance verification work of relevant equipment.

5 Records

Table 1 List of Records to be Collected and Kept for Supplementary Verification

NO.	Record Category	Responsible Dept.	Filing Dept.	Shelf Life
1	Record Sheet for Supplementary Verification of Imported Civil Nuclear Safety Equipment	the Nuclear Safety Center	the Nuclear Safety Center	Long Term

Annex 1 Supplementary Verification Flow Chart for Safety Inspection of Imported Civil Nuclear Safety Equipment

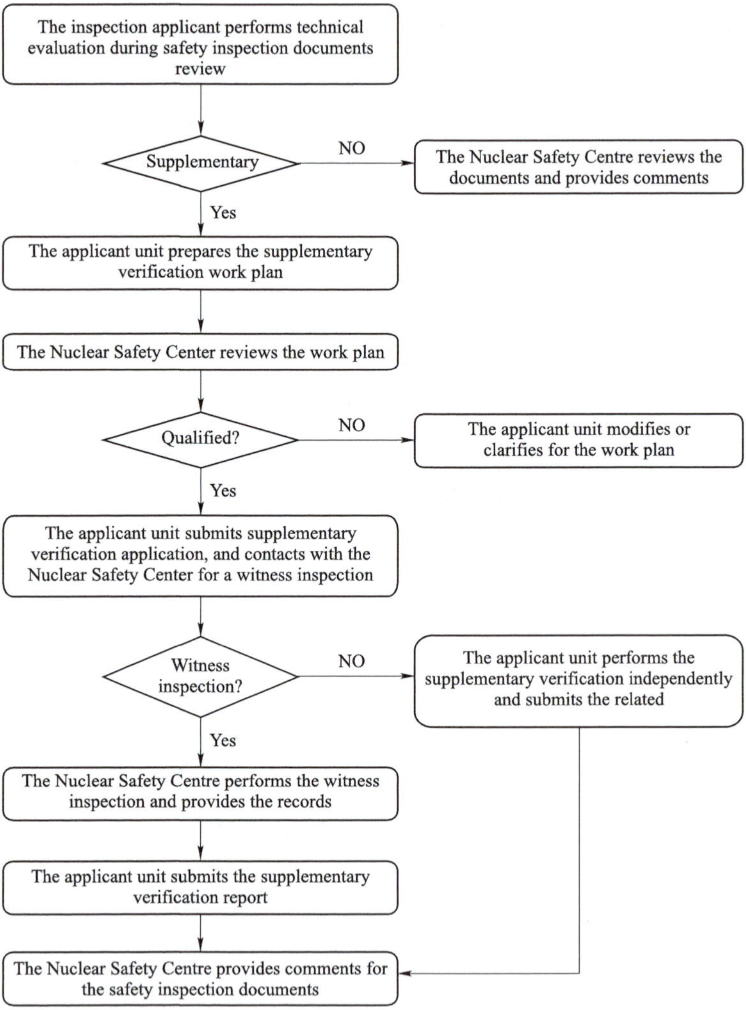

Annex 2 Format of Supplementary Verification Report for Safety Inspection of Imported Civil Nuclear Safety Equipment

Supplementary Verification Report for Safety Inspection of Imported Civil Nuclear Safety Equipment

Report Number:

The Applicant Unit		Supplementary Verification Application No.	
Project Name / Unit			
The Applicant Unit Information			
Contacts		Tel.	
Fax		E-mail	
Supplementary Verification Work Information			
Equipment Category		No.	
Equipment Category/Name		Nuclear Safety Level	
Equipment Commodity Code (serial No.)			
Test Procedure (Verification Scheme) No.			
Verification Institute			
Verification Record/Test Report/Calculation Report			
Processing and Closing of Abnormal Conditions			
Supplement Verification Conclusion			

Prepared by	Reviewed by	Approved by(stamp)

9.5 Rules of Imported Civil Nuclear Safety Equipment Safety Inspection Documents Examination

1 Purpose

The document is established to regulate the examination of imported civil nuclear safety equipment application documents, identify the responsibilities of examination personnel, standardize the examination of safety inspection documents, and improve the document examination quality and efficiency.

2 Applicable Scope

This document is applicable to the universal elements examination of imported civil nuclear safety equipment application documents. The technical elements examination rules for the equipment will be developed separately.

3 Compilation Basis

(1) *Nuclear Safety Law of the People's Republic of China*

(2) *Regulation on Supervision and Administration of Civil Nuclear Safety Equipment (State Council Decree No. 500)*

(3) *Code on Supervision and Control of Civil Nuclear Safety Equipment (HAF604)*

(4) *Quality Assurance for Safety in Nuclear Power Plant*-A code of Practice (HAF003) and corresponding guidelines

(5) *Notification on Issuance of Catalogue of Civil Nuclear Safety Equipment (2016 Revision) and Explanations (Issued by NNSA in 2016, No. 79)*

(6) *Notification on Issuing Critical Processes and Technologies in Civil Nuclear Safety Mechanical Equipment Design and Manufacturing Which Cannot Be Subcontracted (2016 revision) (Issued by NNSA in 2016, No. 211)*

(7) *Notification on Issuance of Requirements on Supervision and Control of Non-conformance during Civil Nuclear Safety Equipment Manufacturing (For Trial Implementation) (Issued by NNSA in 2016, No. 84)*

4 Scope of Document Examination

Scope of safety inspection documents examination for imported civil nuclear safety equipment includes,

(1) Safety inspection application letter;

(2) Safety inspection application form;

(3) Safety inspection application instructions;

(4) Product quality certification documents;

(5) Equipment packing list;

(6) Foreign trade contract abstract and information table;

(7) Document self-inspection report;

(8) Product as-built documents such as equipment quality plan, equipment assembly drawing and ex-factory inspection and test report, etc..

(9) Reports of supervised manufacture, inspection before shipping, supervised installation and acceptance;

(10) Equipment non-conformance reports;

(11) Equipment specifications;

(12) Safety inspection working procedures and documents;

(13) Report on the treatment and closure of problems discovered during the supervision and inspections of nuclear safety regulators;

(14) Other materials required to be submitted.

5 Key Points for Examination

The examination of safety inspection documents for imported civil nuclear safety equipment includes formal examination and technical examination. During formal review, whether the documents are complete and effective shall be mainly focused.

During technical review, the documents will be reviewed based on corresponding standards, codes and equipment technical specification requirements and on the premise that inspection applicants pass their own self-inspection. See Annex 1 for the examination records of some documents.

5.1 Application Letter

(1) The "Project Name" column of the letter shall at least contain information such as the name of the project and the target unit corresponding to the equipment to be inspected, and the type or name of the equipment;

(2) The column of the application documents sheet shall list all the documents;

(3) The status of the self-inspection identified in the letter shall be "completed and qualified";

(4) The letter shall be effectively sealed.

5.2 Application Form for Inspection

(1) The application form shall accurately specify the information of all the equipment to be inspected and subcontracted equipment, such as equipment name, safety level, quantity, manufacturing country, and manufacturer, in strict accordance with equipment category and variety;

(2) The category and variety of the equipment to be inspected shall be within the scope of *Catalogue of Civil Nuclear Safety Equipment (2016 Revision)*, and the safety level shall be consistent with that identified in the equipment specifications;

(3) The application form shall specify the closure status of NCRs of the equipment to be inspected and subcontracted equipment and their qualification status; for newly designed imported civil

nuclear safety equipment, the qualification outline, report and examination conclusions of the design organization shall be submitted;

(4) If the equipment to be inspected are spare parts procured by the operating plant, the design change status of the equipment shall be identified in the application form.

5.3 Instruction Form of Application

(1) The instruction form shall accurately specify the information of all the equipment to be inspected and subcontracted equipment, such as equipment name, safety level, quantity, in strict accordance with equipment category and variety;

(2) The equipment category and variety shall be filled out in strict accordance with the requirements of the equipment catalogue;

(3) The information of the equipment to be inspected in the instruction form shall be consistent with that identified in the application form.

5.4 Letter of Registration Confirmation

(1) Equipment design and manufacturing shall be completed within the validity period of the certificate;

(2) The category, variety, safety level, and premises of activities shall meet the requirements of the scope and conditions of the registration activities;

(3) The circumstances of the subcontracted equipment and outsourcing projects shall meet the requirements of registration.

5.5 Quality Certification Documents

(1) The documents shall be issued by the equipment manufacturer with effective seal of the company or signatures of the quality responsible personnel.

(2) The documents shall cover all the equipment to be inspected, and identify the quality conclusions of the equipment. In principle, there shall be no open non-conforming and deviated items.

(3) The information of the suppliers in the documents shall be consistent with that specified in the letter of registration confirmation.

(4) The contract information in the documents shall be consistent with that specified in the foreign trade contract.

(5) The document shall clearly identify the technical specifications the equipment meet. In case of inconsistency between the procurement technical specifications indicated in the equipment subcontractor's quality documents and the submitted technical documents, the inspection applicant shall present relevant documents to prove that the procurement technical specifications followed by the equipment subcontractors meet the requirements of the technical documents submitted by the inspection applicant.

(6) The revisions of the manufacturers' quality documents shall conform to the control procedures of documents change. The revised documents shall be reviewed, approved by the same organization that reviewed and approved the original documents or other organizations designated by it. In case of hand-written supplemented technical documents in the quality documents, the changes shall be signed and

sealed by the quality documents approvers.

5.6 Packing List

(1) Packing list shall be issued by the equipment supplier or the consignor, with valid signatures or seals;

(2) Packing list shall separately include and mark all the equipment to be inspected and spot checked equipment;

(3) Equipment information in the packing list shall be consistent with that in the Letter of Registration Confirmation and Quality Certification Documents;

(4) Contract information in the packing list shall be consistent with that in the foreign trade contract.

5.7 Abstract of Foreign Trade Contract and Information Sheet

(1) The application documents shall include the copies of sign-in sheets for contracts of the equipment to be inspected (for the subcontracts, submitting the contract number is also allowable);

(2) Information, such as contract relationship, technical agreement, subcontracting content and registion of subcontractors of all levels shall be identified in the information sheet.

5.8 Self-inspection Report of the End of Manufactory Documents

(1) The submitted reports shall strictly conform to the specified format and content requirements and clearly identify the information

of equipment to be inspected and spot-checked equipment, and subcontracted equipment of all levels.

(2) The reports shall be signed by the editor, reviewer and approver and officially sealed.

(3) The contents in the report shall be consistent with the information in the declaration documents.

(4) Examination shall confirm that the inspection applicant has already checked the following: the validity of the Letter of Registration Confirmation of the suppliers and sub-suppliers; the consistence between the equipment activities and registered scope and conditions; the matchness between the equipment quality certificates and equipment to be inspected; the conformity between the equipment materials, processes, design requirements, performance parameters and the design specification or related design documents; status of design change control and design verification; quality of NDT activities; qualification of welding and NDT personnel; quality plans and quality control during manufacturing; quality control during procurement of the important parts and subcontracting of critical processes; completion status of test and ex-factory testing; general assembly drawings; NCR disposition and closure status; conformity of procurement contract & subcontracting management with related management requirements; completion status of equipment survelliance, loading inspections, pre-shipping testing and acceptances; disposition status of discovered issues; disposition and closure status of issues identified during the survelliance and inspections of nuclear safety supervision organizations.

5.9 Quality Plan

(1) Quality plan with valid signatures and seals shall be provided by the equipment manufacturers;

(2) The equipment information in the quality plan, including equipment type, serial number, contract number, order number, equipment drawings, shall cover the equipment to be inspected;

(3) The processes set in the quality plan shall cover all the manufacturing, inspection and testing processes required in the equipment technical specifications;

(4) Information of related basis documents and revisions shall be idenfied in all the manufacturing and inspection processes in the quality plan;

(5) Related records/reports shall be formed during all the manufacturing and inspection processes in the quality plan;

(6) Whether quality control points for the critical processes have been set in the quality plan and site witnesses have been confirmed with signatures;

(7) In accordance with *Catalogue of Civil Nuclear Safety Equipment (2016 Revision)*, *Critical Processes and Technologies in Civil Nuclear Safety Mechanical Equipment Design and Manufacturing Which Cannot Be Subcontracted (2016 Revision)* and the major categories of current imported nuclear equipment, the quality control points for the critical processes shall include but not limited to the points listed in Annex 2;

(8) The examination on the implementation of the quality

control points for critical processes shall focus on the following as per the nuclear safety category and functions of the equipment by inspection batches: the control points have been witnessed and released on site for nuclear grade Ⅰ mechanical equipment; for a large number of nuclear grade I mechanical equipment, according to the equipment variety, the number of equipment to be witnessed at selected points shall not be less than 30% of the total amount of such type of equipment; for nuclear grade Ⅱ and Ⅲ mechanical equipment and nuclear safety electrical equipment, the on-site witness quality control points shall cover all equipment varieties and the quality control points for the important processes of the selected equipment. The on-site witness quality control points may be distributed in one or more equipment quality plans;

(9) The signer and signing date in the quality plans shall meet related requirements;

(10) If it is discovered that the set quality control points have not been effectively released, the examination shall request the inspection applicant to provide related change documents and the survelliance proposals for supplementary verification;

(11) For a complete set of equipment, the review requirements for the imported civil nuclear safety equipment within the survelliance scope are the same as above;

(12) The equipment information, technical information in the quality plans shall be consistent with that in the quality certifications and ex-factory test reports. See Annex 3 for the specific joint examination principles.

5.10 General Assembly Drawings

(1) General assembly drawings with valid signatures or seals shall be provided by equipment designers;

(2) Information of drawings and revisions shall be consistent with that in the equipment quality documents;

(3) Equipment safety grade, design and technical requirements, material information etc., marked in the drawings shall be consistent with that in the technical specifications.

5.11 Reports of Survelliance, Pre-shipping Inspection, Loading Inspection and Acceptance Results

Examination shall confirm that operating organization or EPC contractor has conducted survellance and acceptance to all the equipment within the supervision scope in the contract.

Examination shall review the related materials in accordance with one of the following rules to confirm that the inspection applicants have conducted effective pre-shipping and loading inspections;

(1) Processes related to pre-shipping and loading inspections in the quality plans have been witnessed and signed;

(2) Related results in “Report of survelliance, pre-shipping and loading inspection and acceptance results for imported civil nuclear safety equipment” are identified as acceptable;

(3) The conditions of pre-shipping and loading inspections of the equipment have been identified in the quality release sheets and the results are identified as qualified.

Regarding the ex-factory acceptance of equipment, the examination shall review quality release sheets or equipment factory acceptance reports submitted by the inspection applicants for the imported civil nuclear safety equipments to make sure that the applicant has implemented effective ex-factory acceptance for the equipment. With one of the following circumstances, the equipment shall not be accepted:

(1) It cannot be proved that the quality of the equipment is under control as per the quality requirements;

(2) There are major quality issues that have not been closed and handled.

For those equipment to which ex-factory acceptance have not been conducted, the arrival inspection may be carried out during the unpacking inspection stage of the equipment on the basis that the pre-shipment inspection, loading inspection and end of manufacturing document inspection is completed.

See Annex 4 for the "Format and Content of Report of Imported Civil Nuclear Equipment Survelliance, Pre-shipping Inspection, Loading Inspection and Acceptance Results".

5.12 Ex-factory Inspection and Test Report of Equipment

(1) Report with valid signatures or seals shall be issued by the equipment manufacturer;

(2) The report shall cover all the randomly-checked equipment;

(3) The items, conditions and results of equipment inspection and test shall conform to related requirements in the equipment specifications, standards and ex-factory test procedures;

(4) If the related ex-factory test items have not been specified in the equipment technical specifications, the report shall be reviewed in accordance with factory test procedure of the related equipment, which shall be reviewed and approved by the Purchaser/Designer;

(5) The equipment technical documents, test procedures indicated in the reports shall be consistent with the basis documents for "ex-factory test" process in the equipment quality plan;

(6) The test conclusions shall be "qualified", NCRs and abnormalities during the tests have been handled and closed.

5.13 Non-conformance Reports (NCRs)

(1) The classification, reporting, disposition of NCRs shall meet the related NCR control procedure and NCRs are closed.

(2) The disposition of NCRs shall meet the requirements in "NCR Survelliance and Management Requirements of Civil Nuclear Safety Equipment" (for trial implementation).

5.14 Technical Documents of Equipment

(1) Technical documents are effective documents which have been reviewed and approved and are applicable to the equipment to be inspected (including sub-contracted equipment);

(2) Technical documents shall specify the ex-factory inspection and test requirements of the equipment. If necessary, technical documents shall include the ex-factory test procedures;

(3) Equipment technical documents shall be confirmed in writing by the foreign registration unit.

5.15 Management Procedure of Safety Inspection

(1) Management procedure of safety inspection shall be issued as quality assurance control procedure.

(2) Management procedure of safety inspection shall specify the requirements of the organization, responsibilities, work procedures, contents, interfaces, and document records related to the safety inspection work of inspection applicants.

5.16 Quality Interfaces

Examination shall validate whether the Purchaser has established the quality interfaces with foreign registration unit in accordance with the following rules:

(1) Both the inspection applicant and foreign registration unit have established interface control procedures for procurement project technical documents and are conducting the interface control of technical documents in accordance with the procedures;

(2) Equipment technical specifications (contract technical and quality terms) have been confirmed in writing by the overseas registration organization;

(3) Inspection applicants have reviewed and confirmed the quality plans, ex-factory test procedures, deviations from technical documents, NCRs and technical clarification documents, etc., for the nuclear safety equipment;

(4) The foreign registration unit has clearly indicated the numbers and revisions of technical specifications and drawings the

equipment meet in the equipment quality documents;

(5) For the purchase of imported civil nuclear safety equipment through equipment agents, the inspection applicant, the intermediary and the foreign registration unit shall sign a tripartite procurement contract.

5.17 Work Plan for Supplementary Verification (if any)

(1) The plan shall be established in accordance with the equipment technical specifications or relevant design documents and in consideration of the safety requirements, functions and performance of the equipment;

(2) The plan shall be reviewed and approved by the organization with the design permit or Letter of Registration Confirmation of the related equipment if necessary;

(3) The plan shall include the general arrangement of the verification work, description of equipment safety functions and performances, verification procedures, qualification documents of verification organization, acceptance criteria and disposition methods of related abnormalities.

6 Records

Table 1 List of Records Collected and Preserved for Unpacking Witnesses Activities

No	Record Type	Responsible Department	Preservation Department	Preservation Period
1	Record of Safety Inspection Documents Examination	Nuclear Safety Center	Nuclear Safety Center	3 years

Annexes

Annex 1 Record of Safety Inspection Documents Examination

Annex 2 Quality Control Points for Critical Processes during Imported Civil Nuclear Safety Equipment Manufacturing

Annex 3 Key Points for Joint Examination of Quality Plan, Quality Certification and Ex-factory Test Report

Annex 4 Format and Content of Report of Imported Civil Nuclear Equipment Surveillance, Pre-shipping Inspection, Loading Inspection and Acceptance Results

Annex 1 Record of Safety Inspection Documents Examination

Item	Examination Content	Examination Rules	Conclusions Qualified or Not	
			Yes	No
Registered Information of Foreign Organization	Validity period of the certificates	The valid date of the certificates exceeds the manufacturing completion date	□	□
	Scope of certificate activities	Type, variety, safety level, activity arena, subcontracting items of the equipment to be inspected conform to the requirements of registration scope	□	□
	Specific Registration Conditions	Conforming to the registration conditions	□	□
General Assembly Drawings	Effectiveness	The drawings have been prepared, reviewed and approved, and the revisions are effective	□	□
	Coverage of scope of equipment and component, project and contract requirements	Conforming to the inspection application scope and contract requirements	□	□
	Nuclear safety category, design and technical requirements and material list of equipment	Meeting the requirements of equipment technical specifications, standards and technical conditions	□	□
	Marked dimensions	Meeting the requirements of equipment technical specifications	□	□
Quality Plan	Effectiveness	Have been prepared, reviewed and approved by the inspection applicants and the revisions are effective	□	□
	Coverage of scope of equipment and component, project and contract requirements	Consistent with the inspection application scope and contract requirements and conforming to Catalogue of Civil Nuclear Safety Equipment	□	□

continued

Item	Examination Content	Examination Rules	Conclusions Qualified or Not	
			Yes	No
Quality Plan	Process completeness	Covering all the manufacturing, inspection and test processes required in the equipment technical specifications	□	□
	Quality Control Points	Quality control points have been effectively released	□	□
	Applicable documents	Equipment technical specifications, standards and technical conditions applicable to all the processes are correct and the revisions are effective	□	□
	Items of test and inspection	Meeting the technical specification, standards and technical condition requirements	□	□
Ex-factory Inspection and Test Report	Effectiveness of the report	Reports have been confirmed by signatures of qualified inspection and test personnel or organization seals	□	□
	Report completeness	At least covering the safety equipment and components within the scope of catalogue for civil nuclear equipment	□	□
	Items, conditions and results of test and inspection	Items, conditions and results of test and inspection shall conform to the related requirements in equipment technical specifications, standards and technical conditions	□	□
	Place, equipment, tools. material medium and personnel qualifications for the inspection and tests	The place shall meet the relevant requirements of cleanliness, temperature and humidity identified in the equipment technical specification, the standards, and the technical conditions, etc.; equipment, tools shall be calibrated and within the validity period; material medium (such as test water) shall meet equipment technology specifications, standards and technical conditions; personnel shall have corresponding qualifications and effective authorizations, which shall be within the validity period	□	□

continued

Item	Examination Content	Examination Rules	Conclusions Qualified or Not	
			Yes	No
Report of Surveillance, Pre-shipping &Loading Inspection and Acceptance Results	Survelliance conditions	Control points in the quality plans have been witnessed or signed, or effective quality control points change illustration has been provided	□	□
	Pre-shipping & Loading inspection	(1) Processes relating to pre-shipping &loading inspections in the quality plans have been witnessed or signed (2) Effective pre-shipping and loading inspection reports have been provided (3) The quality release sheet provided by the inspection applicant can be regarded as the pre-shipping and loading inspection have been conducted by themselves or other authorized organizations. But in such cases, the provided quality release sheet shall indicate the approval opinions on pre-shipping and loading inspection activities (Either way is acceptable)	□	□
	Acceptance	The inspection applicant conducted the acceptance and provided the acceptance report, and the results meet the requirements and the discovered problems have been handled	□	□
Quality Interfaces	Contract relationship	The purchaser shall sign a tripartite procurement contract with the intermediaries and overseas registration organizations (only applicable to intermediary procurement)	□	□
	Procedure requirements	Both the purchaser and the overseas registration organizations have established the project technical documents interface control procedure, and have implemented technical documentation interface control according to the procedure	□	□
	Technical documents	Equipment technical specifications (Contract Quality and Technical Terms) have been confirmed in written by overseas registration organizations	□	□

continued

Item	Examination Content	Examination Rules	Conclusions Qualified or Not	
			Yes	No
Quality Interfaces	Process control	Purchasers have reviewed and accepted the quality plans, ex-factory test procedures, deviations from technical documents, NCRs and technical clarification documents, etc., for the nuclear safety equipment	□	□
	Document recording	The foreign registration unit has clearly indicated the numbers and revisions of technical specifications and drawings the equipment meet in the equipment quality documents	□	□
Work Plan for Supplementary Verification	Plan effectiveness	The plan shall be reviewed and approved by the organization with the design permit or Letter of Registration Confirmation of the related equipment if necessary	□	□
	Plan completeness	The plan shall include the general arrangement of the verification work, description of equipment safety functions and performances, verification procedures, qualification documents of verification organization, acceptance criteria and disposition methods of related abnormalities	□	□

Annex 2 Quality Control Points for Critical Processes during Imported Civil Nuclear Safety Equipment Manufacturing

Table 1 Quality Control Points for Critical Processes of Imported Nuclear Safety Mechanical Equipment

Type	Examples of Equipment Varieties	Quality Control Points
Pressure Vessel	Pressure vessel, Pressurizer, etc.	NDT
		Hydro test
		Chemical component test
		Mechanical Property Test
Storage Tank	Storage Tank	NDT
		Hydro test
		Chemical component test
		Mechanical Property Test
Heat Exchanger	Steam generator, Residue Heat Removal Exchanger	NDT
		Hydro test
		Chemical component test
		Mechanical Property Test
	Plate heat exchanger	Hydro test&leak test
Pump	Pump	Hydro test
		function and performance test for pumping set
		Dynamic balance test
Valve	Valve	Hydro test
		Leak test
		Function and performance tests for valve set
		Setting test (for safety valve only)

continued

Type	Examples of Equipment Varieties	Quality Control Points
Piping and Pipe Fittings	Piping and pipe fittings	Hydro test
		Chemical component test
		Mechanical Property Test
		NDT
Supports	Hydraulic damper	Functional Test
	Piping and equipment supports	Chemical component test
		Mechanical Property Test
		NDT
Castings and Forgings	Tubesheet, heads, nozzle safety ends, vessels, etc. Pump shaft, main flange, guide flange, thermal barrier flange valve body, valve cover	Chemical component test
		Mechanical Property Test
		Hydro test(pump case)
		NDT
Flanges	Flanges	Chemical component test
		Mechanical Property Test
		NDT
Reactor Vessel Internals (RVIs)	(RVIs)	Chemical component test
		Mechanical Property Test
		NDT
Control Rod Drive Mechanism (CRDM)	CRDM	Chemical component test
		Mechanical Property Test
		NDT
		Functional &Performance test
Bellows & Expansion Joints	Bellows &Expansion Joints	Chemical component test
		Mechanical Property Test
		NDT
		Leak test
		Hydro test

continued

Type	Examples of Equipment Varieties	Quality Control Points
Mechanical Penetrations	Mechanical Penetrations	Chemical component test
		Mechanical Property Test
		NDT
		Hydro test
Gate	Gates	Chemical component test
		Mechanical Property Test
		NDT
		Leak test
		Functional test
Equipment module	Equipment module	Chemical component test
		Mechanical Property Test
		NDT
		Functional test
Van	Van	Functional test
		Dynamic balance test
Compressor	Compressor	Functional test
		Dynamic balance test

* Note: For nuclear safety 1 reactor pressure vessels and steam generator equipment, the setting of important process quality control points shall cover the control process of important welding, heat treatment, and material test, which shall be specifically determined by the inspection applicants.

Table 2 Quality Control Points for Critical Processes during Imported Civil Nuclear Safety Equipment Manufacturing

Type	Examples of Equipment Varieties	Quality Control Points
Sensor	Thermometer	Functional test (calibration test, response time test, etc.) Hydro test, NDT (only limited to casing thermometer)
	Flow meter	Functional test
	Pressure transmitter, differential pressure transmitter, liquid level transmitter	Functional test (calibration test, temperature drift test, response time test, etc.), hydro test
	Liquidometer	Functional test
	Radiation monitoring sensor	Functional test
	Nuclear instrumentation	Functional test
Cable	Power cable Control cable Instrument cable Coaxial cable	Functional test (withstand voltage test, insulation resistance, mechanical properties, etc.)
	Cable attachments	Mechanical performance test, electrical performance test (sampling)
I&C System Cabinets	Instrument racks and cabinets	Functional test(safety functions)
	I&C panel, station, screen and boxes	Functional test
Electrical Penetrations	**Electrical penetrations**	Functional test, Leak test
Power Equipment	• Emergency diesel generator set	Withstand voltage test of generator stator coil
		Electrical test post full immersion of generator stator
		NDT of rotor
		Withstand voltage test after the rotor wiring
		Rotor dynamic balance

continued

Type	Examples of Equipment Varieties	Quality Control Points
Power Equipment	• Emergency diesel generator set	Mechanical property test and NDT of diesel engine crankshaft
		Mechanical property test and NDT of diesel engine connecting rod
		Mechanical property test and NDT of diesel engine camshaft
		Mechanical property test and dimension check of diesel engine body
		Ex-factory functional test of electrical and protection cabinets
		Ex-factory test of diesel generator set
Power Equipment	Batteries set	Functional test (capacity test, etc.)
	Charger	Functional test (circuit examination, light load test, auxiliary equipment functional inspection, AC input fault test, AC input reply test, conversion test, full load test, ground continuity, insulation strength, insulation resistance)
	inverter	
	Uninterrrupted Power	
Valve Actuator	Electric valve actuator	Functional test (Torque test, insulation resistance test, etc.)
Motor	AC motor DC motor	Function, performance test (torque test, pressure test, vibration test, etc.)
Transformer	distribution transformer	withstand voltage test, local discharge test, temperature rise test, insulation resistance, load loss and short-circuit impedance
Switch and Control Equipment Package	AC medium voltage switchgear	Dielectric test (impact voltage, power frequency withstand voltage), insulation resistance, effectiveness of protection circuit, electrical performance test, load test, temperature rise test, etc.
	AC low voltage switchgear	
	DC switchgear	
	Electrical panel, station, screen and box	

Annex 3 Key Points for Joint Examination of Quality Plan, Quality Certification and Ex–factory Test Report

Document / Examination Elements	Quality Certification	Quality Plan	Ex-factory Test Report	Rules for Acceptance
Covering the equipment to be inspected	Marking the equipment serial No.	Marking the equipment serial No.	Marking the equipment serial No.	Consistency
Contract information	Indicating the order/contract No.	Indicating the order/contract No.	/	Consistent with foreign trade contract
Conforming to the effective technical specification	Indicating the number/revisions of technical documents	Indicating the number/revisions of technical documents	/	Consistent with submitted technical specification
Conforming to the effective drawings	/	Indicating the number/revisions of equipment drawings	/	Consistent with submitted drawings
Ex-factory test has been completed in accordance with effective test procedures	/	Number and revisions of basis documents are marked in the "ex-factory test" processes	Number and revisions of test-based documents are marked	Consistency
Completeness	/	Basis documents, records/reports are indicated in all processes	Test items conform to the requirement of technical specifications/ ex-factory test procedures	Conformity
Effectiveness	Signed and sealed (signatures of the QA personnel are mandatory)	All the control points for processes are signed and released, control points of the manufacturers shall be of special concern	Signed and sealed (Note: Effectivestatement shall be provided if electric signatures are employed)	Conformity

Annex 4 Format and Content of Report of Imported Civil Nuclear Equipment Surveilliance, Pre-shipping Inspection, Loading Inspection and Acceptance Results

1. Equipment Survelliance

This section mainly provides an overview of the implementation of quality plans and NDT verification for this batch of equipment to be inspected;

This section shall elaborate on the quality plan implementation of the major equipment and subcontracting equipment (within the scope of civil nuclear safety equipment catalogue), the main contents are as follows:

(1) Equipment name/function location code

(2) Quality plan No.

(3) Main control points

(4) Attendance

The inspection applicant may attach the materials, such as quality plans, the proof for control point waiver, the authorization document of the survelliance personnel, retest reports of the equipment for further explanation.

The inspection applicant shall provide a summarization on whether the witness and witness proportion of the critical process quality control points of the batch of equipment to be inspected meet the requirements and the disposition status of main NCRs and provide the overall conclusion.

2. Pre-shipping Inspection

This section shall summarize the pre-shipping inspection of this batch of equipment to be inspected, which shall focus on the witness inspections of the related quality control points in the quality plan, the conformity of the performance, function of inspection equipment to the technical requirements of the test, the inspection of the end of manufacturing documents, the issues discovered and their dispositions. Related document inspection checklist and ex-factory acceptance reports may be attached.

The inspection applicant shall provide an overall conclusion to the pre-shipping inspection of this batch of equipment.

3. Equipment Loading Inspection

This section shall describe whether the inspection personnel has checked and verified the packaging materials, waterproof conditions, liner, gas protection, equipment numbers, marks in accordance with the packaging procedures and packing list. The inspection applicant may provide related inspection proofs, photos as attachments.

The inspection applicant shall summarize whether the loading supervision of this batch of equipment to be inspected meet the requirements of this procedure and provide an overall conclusion.

4. Equipment Acceptance

This section shall summarize the acceptance of this batch of equipment to be inspected. The main inspection content of the equipment acceptance, disposition and closure status of the discovered problems, and inspection conclusions shall be described in detail.The related acceptance reports shall be attached.

The inspection applicant shall provide an overall conclusion to the acceptance of this batch of equipment.

5. Overall Conclusion

The inspection applicant shall give an overall assessment for the supervision, pre-shipping inspection, loading supervision and acceptance of this batch of equipment to be inspected and indicate whether the requirements of this procedure are met.

9.6 Working Rules for Safety Inspection Evaluation and Experience Feedback of Registered Foreign Units

1 Purpose

This rule is formulated to improve the standardization and effectiveness of imported civil nuclear safety equipment regulatory work, direct Registered Foreign Units in their safety inspection evaluation and experience feedback, and improve the standardization and effectiveness of evaluation and experience feedback of Registered Foreign Units.

2 Scope of Application

This rule applies to the technical evaluation from the perspective of safety inspection and the experience feedback in the safety inspection phase of imported civil nuclear safety equipment during the review of re-registration application of foreign units.

3 Compilation Basis

(1) *Nuclear Safety Law of the People's Republic of China*

(2) *Regulation on Supervision and Administration of Civil Nuclear Safety Equipment (State Council Decree No.500)*

(3) *Code on Supervision and Control of Imported Civil Nuclear Safety Equipment (HAF604)*

(4) *Notification on Issuance of Catalogue of Civil Nuclear Safety Equipment (2016 Revision) and Explanations (Issued by NNSA in 2016, No.79)*

(5) *Approval Procedure for Foreign Unit Registration of Imported Civil Nuclear Safety Equipment*

4 Safety Inspection Evaluation of Foreign Units

4.1 Work Content

Based on safety inspection document review and unpacking inspection status, foreign unit safety inspection evaluation mainly includes the review of foreign units' compliance with China's nuclear safety laws and regulations within the validity of its license, product performance, operation of quality assurance system, product quality and implementation of treatment and rectification of discovered issues in supervisions and inspections.

(1) Compliance with Nuclear Safety Laws and Regulations.

Evaluate whether foreign units perform responsibilities and obligations stipulated in China's nuclear safety laws and regulations, carry out equipment activities according to the activity type, scope and conditions in the letter of Confirmation of registration of foreign units of the civil nuclear safety equipment activities of the People' s Republic of China, accept and cooperate in the supervision and inspection from China's nuclear safety regulatory authorities, and earnestly implement relevant management requirements proposed in supervision and inspection.

(2) Product Performance.

Evaluate foreign units' performance of imported civil nuclear safety equipment provided to China's Civil Nuclear facilities, and confirm its performance is able to cover the scope of registration application.

(3) Operation of Quality Assurance System.

Evaluate whether foreign units accomplish the preparation, review and approval of related design documents before equipment manufacturing, and implement effective control of document changes; whether quality plan is developed and effectively implemented, and effectively corresponds to corresponding products; whether ex-factory test program and procedures are established and effectively implemented, and traceable test record and report are developed; whether control sub-contracted items and services are effectively controlled; whether non-conformance items during the process of equipment manufacturing and tests are effectively controlled; whether requirements of technical specifications are effectively implemented; whether there are fraud or violations.

(4) Product Quality.

Evaluate whether the quality of equipment provided by foreign units comply with the requirements of relevant standards and specification and has been verified; whether there are significant or common quality issues on equipment during the process of design, manufacturing and safety inspections.

(5) Treatment of Issues found during Supervision and Inspections and their Rectification.

Evaluate treatment, implementation and closure of issues by foreign units, which are found during the supervision and inspection of China's nuclear safety regulatory authorities and whether they have been published by the authorities.

4.2 Evaluation Process

See evaluation workflow in Annex 1.

5 Safety Inspection Experience Feedback

5.1 Classification of Experience Feedback Information

Taking into account the importance, frequency, and consequences of the issues found in the imported civil nuclear safety equipment safety inspection, this rule has divided experience feedback information into general, major and significant categories.

General experience feedback information: Imported civil nuclear safety equipment safety inspection application documents are missing, incorrect or other document quality problems; violations of safety inspection related management document requirements; imported civil nuclear safety equipment not meeting standards, procedures and purchasing technical conditions during safety inspection, installation, commissioning and operation (non-common issues).

Major experience feedback information: Multiple failures in meeting relevant procedures and documents, and effective corrective measures not taken during the procurement, manufacturing supervision, acceptance inspection, and security inspections of imported civil nuclear safety equipment; common problems such as the equipment not meeting standards, procedures and procurement technical conditions during the safety inspection stage; equipment manufacturer not effectively operating the quality assurance system and unable to prove equipment quality under control; information that has reference significance for the design, manufacture, and installation of imported civil nuclear safety equipment.

Significant experience feedback information: Violations of relevant management requirements of nuclear safety laws, administrative regulations and department regulations, actions of practice fraud or operation violations, common quality problems of equipment, adversely impacting the operation safety of nuclear facilities.

5.2 Experience Feedback Workflow

5.2.1 Information Collection

During the process of imported civil nuclear safety equipment safety inspection, Nuclear Safety Center collects relevant experience feedback information, receives relevant quality issues of imported civil nuclear safety equipment submitted by relevant units, and conducts screening, classification, analysis and sorting.

5.2.2 Achievements Compilation

Based on classification of experience feedback information, safety inspection personnel shall:

(1) Fill in *Imported Civil Nuclear Safety Equipment Safety Inspection Experience Feedback Form* for general, major and significant experience feedback information (see Annex 2). The form shall include project unit information, equipment information, manufacturer information, main problem, treatment measures and related suggestions etc.

(2) Prepare experience feedback report for major and significant experience feedback information, including event description, treatment process and measures, cause analysis, lessons-learned.

(3) Prepare *Imported Civil Nuclear Safety Equipment Safety Inspection Experience Feedback Special Report* for typical significant experience feedback information. The special report can be summarized in stages according to the handling of related issues. In addition to the above content, the special report also includes supervision suggestions for corresponding issues.

5.2.3 Achievements Submission

Nuclear Safety Center regularly submits *Imported Civil Nuclear Safety Equipment Safety Inspection Experience Feedback Form* and *Imported Civil Nuclear Safety Equipment Safety Inspection Experience Feedback Report* to Nuclear Department Ⅰ.

Imported Civil Nuclear Safety Equipment Safety Inspection Experience Feedback Special Report shall be submitted to Nuclear Department Ⅰ immediately after its preparation.

6 Others

The conclusion of foreign unit safety inspection evaluation is one of the basis for the acceptance of foreign units' re-registration application.

Relevant information of imported civil nuclear safety equipment safety inspection experience feedback is used as the reference for random inspection of safety inspection documents, supplementary verification, independent inspections and foreign unit's' re-registration applications.

7 Records

Form 1 List of Records Required to be Collected and Kept for Experience Feedback

No.	Record Category	Responsible Department	Preservation Department	Preservation Period
1	Imported Civil Nuclear Safety Equipment Safety Inspection Experience Feedback Form	Nuclear Safety Center	Nuclear Safety Center	Three years

Annex 1 Evaluation Workflow of Registered Foreign Units

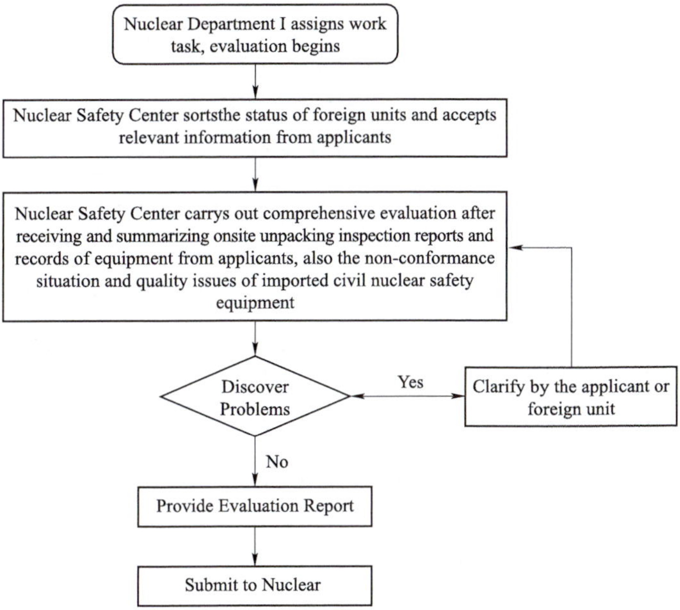

Annex 2 Imported Civil Nuclear Safety Equipment Safety Inspection Experience Feedback Form

NO.	Document No.	Document Review Report No.	Equipment Category	Equipment Name	Safety Level	Quantity	Unit	Manufacturing Country	Manufacturer	Problem Category	Major Problem	Settlement Measures	Comments/ Suggestions
1													
2													
…													

附件 1　安全检验计划文件格式

安全检验文件申报计划汇总表（××××年××月）

序号	申报文号	工程项目	机组号	设备类别	设备品种	类别（机械/电气）	供应商名称	报检设备信息表	装箱清单
1									
2									

合计：××批

编制		审核		批准		单位公章

报检设备信息表

安全检验文件申报计划汇总表（××××年×月）报检单位	申报文号	设备类别	设备品种	项目/机组号	功能位置码/物资编码	设备主要参数信息	核安全级别/数量（台/套）				备注
							1	2	3	1E	
		合计：×箱×台									

注：功能位置码/物资编码不明确的可以填写批号、配置号或型号等。

附件 2 进口民用核安全设备安全检验申报文件格式

进口民用核安全设备安全检验申报材料上报函

申报文号：

项目名称	（项目-机组-设备类别-品种-名称）

报检材料清单

序号	报检材料名称	备注

报检单位对申报材料自查情况

自查情况及结果：

报检人签字/日期		报检单位（单位公章）	

进口民用核安全设备报检申请表

报检日期		报检单位	
到达口岸		到达口岸日期	
开箱地点		预计开箱日期	
报检单位信息			
报检单位地址		邮政编码	
电话		传真	
联系人		联系人电话	
联系人传真		E-mail	
报检信息			
制造国及厂商		合 同 号	
产品类别		数量	
产品随箱文件：			

报检设备情况

序号	设备类别/设备品种/设备名称	数量	制造国	制造厂商	注册登记确认书编号（附复印件）	备注

报检说明：1. 所报检设备和分包设备的不符合项和设备鉴定情况；2. 合计××箱××台；3. 说明技术文件升版和变更情况；4. 其他情况说明。

进口民用核安全设备安全检验报检说明表（机械/电气设备）

装箱号	设备类别	设备品种	设备名称	物资编码/功能位置码	目标机组	数量					产品质量合格证书编号	开箱地点	备注
						核1级	核2级	核3级	1E（安全壳内/外）	单位			
合计：××箱××件													

对外贸易合同信息表

报检设备或部件	采购方	合同号	采购技术文件编号	供应商	设备（部件）制造/设计活动	供应商注册登记确认书编号	备注

进口民用核安全设备完工文件自查报告

检查项目	依据/准则	检查内容	检查结论	备注
境外单位注册登记确认书	证书有效期	报检设备制造完工日期	证书有效日期是否覆盖制造完工日期	（列出相关信息）
	证书活动范围：设备类别、设备品种、安全级别、活动场所	报检设备信息： 1. 报检设备类别、品种、核级； 2. 活动场所	报检设备是否符合注册登记活动范围的要求	（列出证书活动范围和报检设备信息）
	分包项目	分包项目情况		
	特定注册登记条件		是否符合注册登记条件	
与技术规格书或有关设计文件的符合性	/	设备材料、工艺、设计要求、性能参数等	是否符合要求	
设备设计变更控制及设计验证情况	/	设计变更文件编号	1. 设备鉴定试验、设计验证工作是否已完成； 2. 结论是否适用于报检设备	（列出设计变更文件编号）
设备无损检验活动	/	主要无损检验报告清单	1. 报告是否符合要求； 2. 结论是否合格	（列出主要无损检验报告）
	/	无损检验人员资质证书	是否满足法规要求	
设备质量计划及制造过程质量控制情况	报检设备的质量计划选点	执行情况		（列出抽查设备的质量计划编号）

续表

检查项目	依据/准则	检查内容	检查结论	备注
设备制造过程检验和出厂试验完成情况	技术规格书要求的检查和试验项目	1. 设备关键工序检查检验报告; 2. 设备出厂试验报告		(列出抽查设备的主要试验项目及报告)
设备装配总图	质量计划中的图号、版本	设备的图号、版本		(列出抽查设备的图号、版本)
较大和重大不符合项处理及关闭情况	/	较大和重大不符合项清单及关闭情况		(列出不符合项报告号)
设备采购合同及分包管理	与国家核安全局有关管理要求的符合性	是否存在中间商采购、分包活动至无注册登记确认书厂家的情况		
核安全监管部门监督检查发现问题的处理及关闭情况	/			
其他	/			
自查结论				

编制	审核	批准	(单位公章)

附件 3　安全检验文件格式

进口民用核安全设备口岸检查放行单

主送单位：

报检单位		申报文号	
项目/机组		编　号	NNSA-KA-XXXX
报检设备			
报检单位信息			
联系人		电　话	
传真		E-mail	
报检设备信息			
制造国及厂商		合同号	
设备类别		数　量	
设备品种		核安全级别	
口岸检查结论			
签发机关（章）		签发日期	

抄送：

进口民用核安全设备开箱文件审查单

主送单位：

报检单位		申报文号	
项目/机组		编号	NNSA-KXWJ-XXXX
开箱地点		安全检验机构	
报检设备			
报检单位信息			
报检联系人		电话	
传真		E-mail	
报检设备信息			
制造国及厂商		合同号	
设备类别		数量	
设备品种		核安全级别	
装箱信息			
结论			
签发机关（章）		签发日期	

抄送：

进口民用核安全设备开箱见证检查报告

安全检验机构：　　　　　　　　　　　　　　报告编号：

报检单位		申报文号	
项目名称/机组		开箱文件审查单编号	
开箱日期		开箱记录单号	
报检单位信息			
报检联系人		电话	
传真		电子信箱	
开箱设备信息			
制造国及厂商		合同号	
设备类别		数量	
设备品种/设备名称		核安全级别	
设备编号（序列号）			

开箱见证检查情况

检查项目	检查结果
开箱检查文件的准备情况	
检查人员资质授权	
测量设备的标定	
设备包装	
设备外观	
规格型号尺寸等技术参数	

续表

检查项目	检查结果
数量	
出厂信息	
随箱文件	
装箱清单	
设备功能、性能试验	
安全检验机构认为必要时检查的其他项目	
开箱见证检查结论	

编制/日期		安全检验机构签章	
审核/日期			
审定/日期			
批准/日期			

附件 4　核设施安全检验总报告文件格式

进口民用核安全设备安全检验记录表

序号	报检文号	批次号	合同号	设备编码	所属系统	设备类别	设备名称	安全等级	数量	机组	制造国	制造商	文件审查报告号	开箱地点	开箱检验日期	安检办开箱见证检查记录单号	安检办开箱见证检查报告号	监督站选点见证情况	监督站开箱见证检查报告号	开箱自查记录和报告备案日期	开箱自查记录备案号	开箱自查报告备案号
1																						
2																						

进口民用核安全设备开箱检查阶段不符合项、问题及异常事件统计表

序号	NCR/问题/异常事件编号	报检文号	口岸放行单号	批次号	发现日期	设备名称	设备编码	所属系统	安全等级	制造国	制造商	机组	产生原因	NCR/问题/异常事件描述	相关处理措施	关闭依据	是否替换或报废	状态
1																		
2																		

进口民用核安全设备有条件放行情况统计表

序号	报检文号	口岸放行单号	设备名称	设备编码	安全等级	设备数量	制造国	制造商	安全检验阶段	有条件放行原因	处理状态	后续运行中的措施
1												
2												

注：有条件放行是指在《进口民用核安全设备口岸检查放行单》和《进口民用核安全设备开箱文件审查单》和《进口民用核安全设备开箱见证报告》中所设的放行条件。该表适用于所有营运单位。

进口民用核安全设备未履行安全检验情况统计表

序号	报检文号	设备名称	设备编码	安全等级	设备数量	制造国	制造商	安全检验阶段	未履行安全检验原因及情况说明	后续处理措施
1										
2										

机组进口民用核安全设备鉴定情况汇总表

序号	设备类别	设备名称	设备编码	安全等级	物项编码	制造国	制造商	口岸放行单号	到货日期	设备鉴定完成日期	进展情况及存在问题	监管部门审查认可情况	设备鉴定状态
1													
2													

进口民用核安全设备安装阶段不符合项、问题及异常事件统计表

序号	NCR/问题/异常事件编号	报检文号	口岸放行单号	批次号	发现日期	设备名称	设备编码	所属系统	安全等级	制造国	制造商	机组	产生原因	NCR/问题/异常事件描述	相关处理措施	关闭依据	是否替换或报废	状态
1																		
2																		

进口民用核安全设备机组间调换（报废或替换）情况统计表

序号	报检文号	口岸放行单号	设备名称	设备编码	设备数量	安全等级	制造国	制造商	原因及情况描述	备案情况
1										
2										

进口民用核安全设备安全性能试验相关的调试试验项目清单

序号	设备名称	设备编码	安全等级	所属系统	调试规程	试验名称
1						
2						

进口民用核安全设备调试过程中的不符合项、问题及异常事件统计表

序号	NCR/问题/异常事件编号	报检文号	口岸放行单号	批次号	发现日期	设备名称	设备编码	所属系统	安全等级	制造国	制造商	机组	调试规程	产生原因	NCR/问题/异常事件描述	相关处理措施	关闭依据	是否替换或报废	状态
1																			
2																			

附件 5 进口民用核安全设备开箱见证检查记录单

安全检验机构		记录单编号	
报检单位			
项目名称/机组			
制造国及厂商			
设备类别		设备品种/设备名称	
核安全级别		设备数量	
合同号		设备编号（序列号）	
检查内容			
检查结果及发现的问题			
核安全管理要求			
安全检验人员签字： 日期：		报检单位授权人签字： 日期：	

附件 6　进口民用核安全设备开箱见证检查报告

安全检验机构：　　　　　　　　　　　　　　　　　报告编号：

报检单位		申报文号	
项目名称/机组		开箱文件审查单编号	
开箱日期		开箱记录单号	
报检单位信息			
报检联系人		电话	
传真		电子信箱	
开箱设备信息			
制造国及厂商		合同号	
设备类别		数量	
设备品种/设备名称		核安全级别	
设备编号（序列号）			
开箱见证检查情况			
检查项目	**检查结果**		
开箱检查文件的准备情况			
检查人员资质授权			
测量设备的标定			
设备包装			

续表

检查项目	检查结果
设备外观	
规格型号尺寸等技术参数	
数量	
出厂信息	
随箱文件	
装箱清单	
设备功能、性能试验	
安全检验机构认为必要时检查的其他项目	
开箱见证检查结论	

编制/日期		安全检验机构签章	
审核/日期			
审定/日期			
批准/日期			

附件 7　进口民用核安全设备安全检验补充验证报告

进口民用核安全设备安全检验补充验证报告

报告编号：

报检单位		补充验证申请文号	
项目名称/机组			
报检单位信息			
联系人		电话	
传真		电子信箱	
补充验证工作信息			
设备类别		数量	
设备品种/设备名称		核安全级别	
设备编号（序列号）			
试验程序（验证方案）编号			
验证机构			
验证记录/试验报告/计算报告			
异常情况的处理和关闭情况			
补充验证结论			

编制	审核	批准（公章）

附件 8 安全检验文件审查记录表

项目	审查内容	审查准则	结论是否合格	
			是	否
境外单位注册登记信息	证书有效期	证书有效日期覆盖制造完工日期	□	□
	证书活动范围	报检设备类别、设备品种、安全级别、活动场所、分包项目符合注册登记活动范围的要求	□	□
	特定注册登记条件	符合注册登记条件	□	□
装配总图	有效性	经过编审批，版本有效	□	□
	覆盖设备及部件范围、项目、合同情况	与报检范围及合同要求一致	□	□
	设备的核安全级别、设计及技术要求、材料清单等	满足设备技术规格书、标准规范和技术条件要求	□	□
	标注尺寸	满足设备技术规格书要求	□	□
质量计划	有效性	经过编审批和报检单位审查认可，版本有效	□	□
	覆盖设备及部件范围、项目、合同情况	与报检范围及合同要求一致，并符合民用核安全设备目录范围要求	□	□
	工序完整性	覆盖了设备技术规格书要求的制造、检验和试验全部工序	□	□
	质量控制点	质量控制点得到有效释放	□	□
	适用文件	各工序所适用的设备技术规格书、标准规范及技术条件正确、版本有效	□	□
	检验试验项目	满足设备技术规格书、标准规范及技术条件要求	□	□

续表

项目	审查内容	审查准则	结论是否合格	
			是	否
出厂检验试验报告	报告有效性	报告经过有资质检验试验人员签字确认或单位盖章	□	□
	报告完整性	至少涵盖了民用核安全设备目录范围内的安全级设备及部件	□	□
	检验试验项目、条件和结果	检验试验项目、条件和结果应符合设备技术规格书、标准规范及技术条件的相关要求	□	□
	检验试验用场地、设备、器具、材料介质及人员资质	场地须满足设备技术规格书、标准规范及技术条件规定的清洁度、温度、湿度等相关要求；设备、器具须经过标定和校准，并在有效期内；材料介质（如试验用水）须满足设备技术规格书、标准规范及技术条件的相关规定；人员须具备相应资质并经过有效授权，且在有效期内	□	□
监造、装运前检验和监装以及验收结果报告	监造情况	质量计划中所选的控制点均完成了见证、签点，或提供了有效的质量控制点变更说明	□	□
	装运前检验及监装情况	1. 质量计划中涉及装运前检验、监装的相应工序已经完成了见证、签点 2. 提供了有效的设备装运前检验和监装情况报告 3. 报检单位提供的质量放行单可视其进行了，或委托其他单位进行了装运前检验及监装活动，但所提供的质量放行单中必须说明对装运前检验和监装活动的认可意见 （任选其一）	□	□
	验收情况	报检单位进行了验收活动并出具了验收报告，结果满足要求，发现的问题已处理完毕	□	□

续表

项目	审查内容	审查准则	结论是否合格	
			是	否
质量接口关系	合同关系	采购单位与中间商和境外注册登记单位签订三方采购合同（仅针对中间商采购）	□	□
	程序要求	采购单位、境外注册登记单位均建立了项目技术文件接口控制程序，并按程序实施技术文件接口控制工作	□	□
	技术文件	设备技术规格书（合同质量技术条款）由境外注册登记单位书面确认	□	□
	过程控制	采购单位对进口核安全设备质量计划、出厂试验程序、与技术文件不符的偏差项、不符合项和技术澄清文件等进行了审核确认	□	□
	文件记录	境外注册登记单位在设备质量文件中明确标明了设备所满足的技术规格书、图纸编号及版本号等信息	□	□
补充验证工作方案	方案有效性	方案应经持有相应设备设计许可证或注册登记确认书的单位审查批准（必要时）	□	□
	方案完整性	方案内容包括验证工作总体安排、设备安全功能和性能描述、验证程序、验证机构资质文件、验收准则及有关异常的处理方式等内容	□	□

附件 9 进口民用核安全设备制造重要工序环节质量控制点

表 1 进口核安全机械设备重要工序环节质量控制点

类别	设备品种举例	质量控制点
压力容器*	压力容器、稳压器等	无损检测
		水压试验
		化学成分试验
		力学性能试验
储罐	储罐等	无损检测
		水压试验
		化学成分试验
		力学性能试验
热交换器*	蒸汽发生器、 余排热交换器等	无损检测
		水压试验
		化学成分试验
		力学性能试验
	板式热交换器	水压试验、密封性试验
泵	泵	水压试验
		泵组功能、性能试验
		动平衡试验
阀门	阀门	水压试验
		密封性试验
		阀组功能、性能试验
		整定试验*（只针对安全阀）

续表

类别	设备品种举例	质量控制点
管道和管配件	管道和管配件	水压试验
		化学成分试验
		力学性能试验
		无损检测
支承件	液压阻尼器	功能性试验
	管道及设备支承件	化学成分试验
		力学性能试验
		无损检测
铸锻件	管板、封头、接管安全端、筒体等； 泵壳、主法兰、导叶法兰、热屏法兰等； 阀体、阀盖等	化学成分试验
		力学性能试验
		水压试验（泵壳）
		无损检测
法兰	法兰	化学成分试验
		力学性能试验
		无损检测
堆内构件	堆内构件	化学成分试验
		力学性能试验
		无损检测
控制棒驱动机构	控制棒驱动机构	化学成分试验
		力学性能试验
		无损检测
		功能、性能试验

续表

类别	设备品种举例	质量控制点
波纹管、膨胀节	波纹管、膨胀节	化学成分试验
		力学性能试验
		无损检测
		密封性试验
		水压试验
机械贯穿件	机械贯穿件	化学成分试验
		力学性能试验
		无损检测
		水压试验
闸门	闸门	化学成分试验
		力学性能试验
		无损检测
		密封性试验
		功能性试验
设备模块	设备模块	化学成分试验
		力学性能试验
		无损检测
		功能性试验
风机	风机	功能性试验
		动平衡试验
压缩机	压缩机	功能性试验
		动平衡试验

*注：对于核安全1级反应堆压力容器和蒸汽发生器设备，重要工序环节质量控制点的设置要涵盖重要焊接、热处理和材料检验的控制工序，具体由报检单位确定。

表 2　进口核安全电气设备制造重要工序环节质量控制点

类别	设备品种举例	质量控制点
传感器	温度计	功能试验（校准试验、响应时间测试等） 水压试验、无损检验（仅限带套管温度计）
	流量计	功能试验
	压力变送器、差压变送器、液位变送器	功能试验（校准试验、温度漂移试验、响应时间测试等）、水压试验
	液位计	功能试验
	辐射监测传感器	功能试验
	核测仪表	功能试验
电缆	电力电缆 控制电缆 仪表电缆 同轴电缆	功能试验（耐压试验、绝缘电阻、机械性能等）
	电缆附件	机械性能试验、电气性能试验(抽样)
仪控系统机柜	仪控机架、机柜	功能试验（安全功能）
	仪控盘、台、屏、箱	功能试验
电气贯穿件	电气贯穿件	功能试验 泄漏试验
电源设备	应急柴油发电机组	发电机定子线圈耐压试验
		发电机定子整浸后电气试验
		转子无损检验
		转子嵌线后耐压试验
		转子动平衡
		柴油机曲轴机械性能和无损检验
		柴油机连杆机械性能和无损检验
		柴油机凸轮轴机械性能和无损检验
		柴油机机体机械性能、尺寸检查
		电气柜、保护柜出厂功能试验
		柴油发电机组出厂试验

续表

类别	设备品种举例	质量控制点
电源设备	蓄电池组	功能试验（容量试验等）
	充电器	功能试验（电路检查、轻载试验、辅助设备功能性检查、交流输入故障试验、交流输入回复试验、转换试验、满载试验、接地连续性、绝缘强度、绝缘电阻）
	逆变器	
	不间断电源	
阀门驱动装置	阀门电动装置	功能试验（转矩测试、绝缘电阻测试等）
电动机	交流电动机 直流电动机	功能、性能试验（力矩测试、耐压测试、振动测试等）
变压器	配电变压器	耐压试验、局部放电试验、温升试验、绝缘电阻、负载损耗和短路阻抗
成套开关设备和控制设备	交流中压开关柜	介电试验（冲击电压、工频耐压）、绝缘电阻，保护电路有效性、电气性能试验、负载试验、温升试验等
	交流低压开关柜	
	直流开关柜	
	电气盘、台、屏、箱	

附件 10 质量计划、质量合格证书和出厂试验报告联合审查要点

审查要素＼文件	质量合格证书	质量计划	出厂试验报告	验收准则
覆盖报检设备	标明设备序列号	标明设备序列号	标明设备序列号	一致性
合同信息	标明订单号/合同号	标明订单号/合同号	/	与对外贸易合同一致
符合有效的技术规格书	标明技术文件号/版本	标明技术文件号/版本	/	与提交的技术规格书一致
符合有效的图纸	/	标明设备图纸/版本	/	与所提交的图纸一致
出厂试验依据有效的试验程序完成	/	“出厂试验”工序标明了依据文件号/版本	标明了试验依据的文件号/版本	一致性
完整性	/	各工序标明了依据文件、记录/报告	试验项目符合技术规格书/出厂试验程序要求	符合性
有效性	签字盖章（必须有质保人员的签字）	各个工序控制点均签字释放，尤其要关注制造方的控制点	签字盖章（注意电子签名必须有有效性声明）	符合性

附件11 《进口民用核安全设备监造、装运前检验、监装和验收结果报告》格式及内容

一、设备监造情况

本部分主要针对该批次报检设备质量计划的执行情况以及无损检验活动的验证情况进行概述性说明。

本部分应给出主体设备及分包设备（民用核安全设备目录范围内）的质量计划执行情况，主要内容如下：

（1）设备名称/功能位置码；

（2）质量计划编号；

（3）主要控制点；

（4）出席情况。

报检单位可附相应的质量计划、控制点放弃证明、监造人员的授权文件、设备复验报告等材料进行说明。

报检单位应对该批次报检设备重要工序环节质量控制点的见证情况和见证比例是否符合要求以及主要的不符合项处理情况进行总结说明，给出总体结论。

二、设备装运前检验情况

本部分应对该批次报检设备的装运前检验情况进行总结。应主要针对质量计划中相应质量控制点的见证检查情况，检验的设备性能、功能与技术要求的符合性，完工文件的检查情况，发现的主要问题及处理情况进行总结说明。可附相应的文件检查清单和出厂验收报告作为附件。

报检单位应针对该批设备的装运前检验情况给出总体结论。

三、设备监装情况

本部分应描述监装人员是否按照包装程序和装箱清单要求对包装材料、防水、衬垫、气体保护、设备数量、标识等进行了检查和核对。报检单位可提供相应的监装证明、照片等作为附件。

报检单位应对该批次报检设备的监装情况是否满足本细则要求进行总结，给出总体结论。

四、设备验收情况

本部分应对该批次报检设备的验收情况进行总结。应详细描述设备验收的主要检查内容、发现问题的处理关闭情况和检查结论，相应的验收报告应作为附件。

报检单位应针对该批设备的验收情况给出总体结论。

五、总体结论

报检单位应针对该批次报检设备的监造、装运前检验、监装和验收活动结果给出总体评价，说明是否满足本细则的要求。

附件 12　进口民用核安全设备安全检验经验反馈信息表

序号	报检文号	文件审查报告号	设备类别	设备名称	安全等级	数量	机组	制造国	制造商	问题类别	主要问题	解决措施	意见与建议
1													
2													
…													